«Zehn Jahre lang habe ich Werbung beim Wort genommen. Damit müssen die Hersteller all der schönen Produkte schließlich auch mal rechnen. Dieses Vorhaben hat mir viel Ärger und viel Spaß eingebracht, es gibt Firmen und Händler, die ich nie wieder im Leben aufsuchen darf. Es hagelte Hausverbote und Drohungen, es gab auch Unternehmen, die mir recht gaben. Manche sind ausgerastet, andere haben mit mir gelacht. Aber nach diesen zehn Jahren muss ich auch Buße tun: Es tut mir leid, so viele Verkäufer und Verkäuferinnen genervt zu haben, es tut mir leid, dass die Marketingleute großer Hersteller durch mich ins Schwitzen kamen – ich würde all dies genau so noch einmal tun.»

Hinrich Lührssen ist TV-Reporter und Geschäftsführer der Fernsehproduktionsfirma Studio Bremen, die Reportagen und Berichte für viele Fernsehsender, aber auch für Online- und Printmedien anfertigt. Er verleiht für Stern TV den «Stern der Woche» und nimmt für Stern TV «Werbung beim Wort». Hinrich Lührssen lebt in Bremen.

Hinrich Lührssen

25% auf alles ohne Stecker

Werbung beim Wort genommen

Rowohlt Taschenbuch Verlag

Originalausgabe

Veröffentlicht im Rowohlt Taschenbuch Verlag,

Reinbek bei Hamburg, März 2011

Copyright © 2011 by Rowohlt Verlag GmbH,

Reinbek bei Hamburg

Umschlaggestaltung ZERO Werbeagentur, München

(Fotonachweis: Image Source / Getty Images)

Satz FF Scala Serif PostScript (PageOne) bei

Dörlemann Satz, Lemförde

Druck und Bindung Druckerei C. H. Beck, Nördlingen

Printed in Germany

ISBN 978 3 499 62711 8

Inhalt

Vorwort

Flucht ist sinnlos, es gibt kein Entkommen. Ob auf dem Bier-
deckel, auf Papiertüchern in Toiletten, im Briefkasten, im Urlaub
auf der einsamen Karibikinsel, beim Surfen im Netz und im
Fernsehen sowieso:

Werbung erreicht uns alle, ständig und überall. Werbung kann
zweifellos nerven. Doch wer will deshalb Werbung als Motor des
Kapitalismus schon abwürgen? Und gehören der lustige Husti-
netten-Bär, Tilly von Palmolive, Klementine, Herr Kaiser, Käpt'n
Iglo und all die anderen als treue Gefährten durch Kindheit und
Jugend nicht längst auch zu unserem Leben?

Wir alle zahlen für Werbung. Denn die rund 30 Milliarden
Euro, die jährlich allein in Deutschland für Werbung ausgegeben
werden, sind selbstverständlich in den Preisen für die einzelnen
Produkte enthalten. Wer einen Schokoriegel kauft, zahlt auch für
die Werbung für diesen Schokoriegel. Also machen wir doch das
Beste daraus: Werbung sollte vom Konsumenten ernst genommen werden, und zwar Wort für Wort. Und wenn die Werbebotschaften nicht stimmen, dann wird es doch erst so richtig spannend: Werbung beim Wort genommen, und schon wird das
Leben eines Verbrauchers zum Abenteuer. Kein Unternehmen
kann es sich heute noch leisten, die Beschwerden seiner Kunden
zu ignorieren, Ausnahmen bestätigen diese Regel.

Zehn Jahre lang habe ich Werbung beim Wort genommen. Damit
müssen die Hersteller all der schönen Produkte schließlich auch
mal rechnen. Dieses Vorhaben hat mir viel Ärger und viel Spaß
eingebracht, es gibt Firmen und Händler, die ich nie wieder im

Leben aufsuchen darf. Es hagelte Hausverbote und Drohungen, es gab auch Unternehmen, die mir recht gaben.

Zehn Jahre meines Lebens habe ich nun damit verbracht, den Werbeaussagen namhafter Hersteller tatsächlich zu glauben und genau das zu tun, was sie in ihrer Werbung versprechen. Manche sind ausgerastet, andere haben mit mir gelacht. Ich habe es mir in diesen zehn Jahren nicht leicht gemacht: Ich habe mich bis zur Bewusstlosigkeit mit Axe eingenebelt, um die im Werbespot versprochene Wirkung auf Frauen zu erzielen. Ich habe im Baumarkt von Bohrmaschinen und Kabelrollen die Stecker abgeschnitten, um damit der Werbung zu folgen: «25 Prozent auf alles ohne Stecker».

Einmal habe ich sogar fünf Schäfchen ins Trockene getrieben, und zwar in die Bank, die mir und allen anderen versprochen hatte: «Wir bringen Ihre Schäfchen ins Trockene.»

«Mach es zu Deinem Projekt!», fordert die Baumarktkette Hornbach, und ich mache es: Komplett mit grüner Farbe im Ganzkörpereinsatz streiche ich ein Zimmer, das danach zwar sehr interessant aussieht. Nur: Geht die Farbe vom Körper wirklich wieder ab? Können die im Baumarkt helfen?

Und können die bei Edeka wirklich 182 Gramm Fleischwurst aufs Gramm genau abwiegen? Sie müssen es können, beharre ich vor der Fleischtheke. Schließlich war es genau so in der Werbung zu sehen.

Renault verspricht in Anzeigen, dass sein neues Allradmodell auf Treppen fahren kann. Das stimmt nur zum Teil, finde ich zum Schrecken der Autohändler heraus. Denn: Mit dem nagelneuen Fahrzeug die Treppe rauf – das klappt hervorragend, runter allerdings leider nicht. Und nun?

Zehn Jahre lang habe ich fast jede Werbung ernst genommen und tauchte deshalb im Kampfanzug bei Praktiker auf und habe 42 Kilo Nutella gegen ein T-Shirt getauscht. Seit meinen Probefahrten im Matsch wie die Rallyefahrerin in der Werbung hängt mein Steckbrief offenbar bei jedem Ford-Händler, jedenfalls fühle ich mich jetzt ständig beobachtet, sobald ich ein Autogeschäft betrete.

Aber auch ich muss nach diesen zehn Jahren Buße tun: Es tut mir leid, so viele Verkäufer und Verkäuferinnen genervt zu haben, es tut mir leid, dass die Marketingleute großer Hersteller durch mich ins Schwitzen kamen – ich würde all dies genau so noch einmal tun.

Erst der Beinahetod meines geliebten Goldfisches Franz Ferdinand hat mich jetzt vorerst gestoppt. Denn der Goldfisch hat entgegen der Werbung des Herstellers doch kein Mineralwasser vertragen. Aber keine Sorge, ich werde nicht ewig trauern.

In einem weiteren Teil des Buches geht es um Werbedeutsch, seltsame und oftmals kuriose Werbe-Wort-Ungetüme, die zum ersten Mal vollständig übersetzt und damit auch enttarnt werden: von A wie «Atmungsaktiv» über die angeblich so wertvollen «Cerealien» bis hin zum hochgefährlichen «Gefrierbrand» und zu dem «Zement-Ceramid-Komplex», den wir uns ausgerechnet in die Haare schmieren sollen.

Wie unterhaltsam Werbung sein kann, zeigt auch der Blick in die Vergangenheit. In diesem Teil des Buches tauchen sie alle endlich wieder auf: Das HB-Männchen springt wieder in die Luft, der Marlboro-Mann ist überraschenderweise wieder genesen, und Karin Sommer reitet auf der Lila Kuh. Die beliebtesten Werbefiguren der Deutschen – wer dahintersteckte und was aus ihnen wurde. Ein Wiedersehen mit dem Tiger im Tank und dem Erdalfrosch, mit Meister Proper und Onkel Dittmeyer. Da werden hoffentlich viele Erinnerungen wach.

Viel Spaß beim Lesen
wünscht der Autor

Wie alles anfing: Probefahrt bei Ford

Es war ein Sonntag, das weiß ich noch ganz genau. Den «Tatort» mit Kommissar Stoever hatte ich gerade noch geschafft, bei «Sabine Christiansen» war ich wie immer eingenickt. Der übliche Dämmerzustand auf dem Sofa also, an einem Sonntagabend nach einer langen Woche. Als ich wieder aufwachte, war ich irgendwie im Privatfernsehen gelandet. Werbung, ich wollte gerade umschalten, als ich diese witzige Geschichte sah. Es geht um den neuen Ford Focus, der Konkurrent vom VW Golf. Ein Autoverkäufer nimmt winkend Abschied von einer jungen, brünetten Frau, die in dem Neuwagen zu einer Probefahrt startet. Das klingt noch nicht richtig spannend, aber was die Fahrerin dann mit dem brandneuen Ford Focus anstellt, hat man im Zusammenhang mit einer Probefahrt noch nicht gesehen: Sie rast Waldwege rauf und runter, Matsch und Dreck fliegen durch die Luft und auf den Neuwagen, die Probefahrt wird zur Rallye, die Gänge krachen, die Reifen rutschen, die Kiste röhrt. Im Gegenschnitt trinkt der Autoverkäufer ahnungslos einen Kaffee und putzt einen klitzekleinen Fleck von der Haube eines Ausstellungsfahrzeuges. Mit einem völlig verdreckten Neuwagen rast die Rallyefahrerin zurück zum Autohändler. Der Anzugträger wischt irritiert über die Motorhaube, schaut ziemlich blöd aus der Wäsche, bewahrt aber Fassung: Der Kunde ist eben König.

Die Frau am Steuer wird übrigens als «Claudia K., Rallyefahrerin», vorgestellt. Alle Probefahrten sind gleich, behauptet Ford im Januar des Jahres 2000.

Wirklich? Kann man bei der Fahrt mit einem geliehenen Neuwagen im Wert von damals 28 000 Mark so viel Spaß haben, ohne lästige Rücksicht auf den Zustand des Fahrzeuges? Ist der Autohändler als Besitzer des Probewagens stillschweigend damit einverstanden? Die Idee lässt mich nicht mehr los: Was passiert, wenn man diese Werbung beim Wort nimmt? Kostet nichts und könnte durchaus das eigene Leben bereichern. Ein Abenteuer des Alltags.

Eine Woche später, an einem Montagnachmittag, stehe ich zum ersten Mal in meinem Leben in den Verkaufsräumen eines Ford-Händlers in meiner Heimatstadt Bremen. Ford, bisher nicht meine Marke, gilt zur Jahrtausendwende als besonders dröge. Was soll man schon von einem Auto halten, das als Markensymbol eine Pflaume auf dem Kühlergrill trägt? Egal, denn beim neuen Ford Focus ist laut Werbung alles anders, außerdem verfolge ich ja ohnehin eigene Ziele, die ich natürlich nicht vorher verrate. 2-Liter-Maschine, 145 PS – das sollte reichen. Selbstverständlich blitzsauber – umso besser. Der Verkäufer – grünes Polohemd, schwarze Stoffhose – gibt sich alle Mühe, mir die Vorzüge eines Ford Focus zu erklären. Ein ganz neuer Maßstab in der Kompaktklasse, technisch ausgereift und ein Spitzenprodukt. Ich höre kaum zu. Wann kann ich endlich losbrausen?

«Der sieht ja prima aus. Richtig schön sauber», lobe ich. Kopie vom Personalausweis, Unterschrift unter der Erklärung für die Versicherung – dann endlich gehört der grüne, dreitürige Focus eine Stunde lang mir. Ich rolle vom Hof.

Wer Werbung beim Wort nimmt, kommt um ein gewisses Maß an Vorbereitung nicht herum. Wie wird die Gegenseite reagieren? Wie vermeidet man Forderungen auf Schadenersatz und eine Anzeige bei der nächsten Polizeidienststelle? Generell hoffe ich auf Verständnis für mein Tun: Schließlich denke ich mir den nachfolgenden Quatsch nicht willkürlich aus, sondern vollziehe nur nach, was in der Werbung gezeigt wird.

Es hat geregnet, der Parkplatz vor dem Weserstadion in Bremen mit den vielen Pfützen und Schlaglöchern ist hervorragend geeignet, ein Auto innerhalb kurzer Zeit vollständig einzusauen. Wenn man es darauf anlegt – und das tue ich –, nachhaltig. Um ein perfektes Erscheinungsbild des Fahrzeuges wie in dem Werbespot zu erreichen, schütte ich noch drei vorher vorbereitete Eimer mit stinkendem, dickflüssigem Matschwasser über das Neufahrzeug. So vergeht die Stunde wie im Fluge, und schon muss ich den Ford Focus zurück zum Händler bringen. Die optische Verwandlung ist nahezu perfekt gelungen. Völlig verdreckt, mit Matsch auf Scheiben und Dach, sieht das Fahrzeug jetzt aus wie in dem Werbespot.

Da werden die bei Ford entweder herzlich lachen oder mich wegen dieser ausgiebigen Probefahrt loben als einen Kunden, den man ernst nehmen sollte.

Der für mich zuständige Autoverkäufer wartet offenbar schon und macht keinesfalls einen ausgeglichenen Eindruck. Er sieht die Bescherung durch die Schaufensterscheibe. «Ich habe ihn auf Herz und Nieren getestet», lautet mein Erklärungsversuch nach der Rückkehr. «Ja. Sie bleiben dann aber auch bitte noch mal hier, weil wir eben die Polizei holen», sagt er mit deutlich aufgeregter Stimme. Die Polizei? Warum? «Weil das kein Testwagen ist. Wissen Sie, wie der aussieht? Können Sie das sehen?» Der Mann ist wohl richtig sauer auf mich. «Wo sind Sie denn mit dem Auto gewesen?», will er wissen. Mein Hinweis auf die aktuelle Werbung kann ihn leider nicht beruhigen: «Ich glaube, ich drehe durch. Gucken Sie doch mal, wie der aussieht. Der hat doch selbst auf dem Dach Dreck. Damit sind Sie doch nicht nur im Gelände gewesen.» Er wendet sich an einen Kollegen, der bereits draußen fassungslos den Probewagen bestaunt hatte: «Mark, ruf mal eben die Herrschaften von der Polizei.» Wir können uns schließlich gütlich einigen: Eine erste Überprüfung ergibt, dass keine ernsthaften Schäden an Karosserie, Motor und Getriebe entstanden sind. Ich sichere zu, dieses Autohaus nie wieder zu betreten.

Aber es gibt in der Stadt ja noch weitere Händler, die über einen brandneuen Ford Focus verfügen. Reagieren alle so?

Oder hatte ich nur Pech und das Bild von den Toleranzgrenzen bei Ford ist durch einen einmaligen Versuch völlig verfälscht, was ja auch nicht in Ordnung wäre. Beim nächsten Ford-Händler im Bremer Norden ist der Focus rot, mit fünf statt drei Türen, der Verkäufer älter, nur meine Vorgehensweise bleibt dieselbe. Nach meiner Probefahrt ist der Neuwagen völlig verdreckt, ich habe mir dabei erneut größte Mühe gegeben. Reaktion des Verkäufers bei der Rückgabe: «Das darf doch wohl nicht wahr sein.» Sein Chef, noch ein paar Jahre älter, erscheint und brüllt ohne Vorwarnung los: «Meinen Sie, ich nehm so ein Auto zurück? Für wen halten Sie uns denn?» Mein Hinweis auf die entsprechende Werbung von Ford geht in seinem Geschrei unter: «Ich verkaufe seit 1972 Autos, aber so ein Auto habe ich noch nie gesehen.» Wieder komme ich leider gar nicht zu Wort. Der etwa 65-Jährige ist nicht mehr zu stoppen, ich hoffe, dass ich hier keinen Herzinfarkt auslöse. «Das ist eine Frechheit, mit so einem Auto wiederzukommen. Das ist noch mehr: Das ist eine bodenlose Frechheit. Eine bodenlose Frechheit.» Ich murmele eine Entschuldigung, drücke ihm den Autoschlüssel in die Hand und ziehe mich aus seinem Verkaufsraum zurück.

Ende einer Probefahrt. Den Ford Focus habe ich nicht gekauft. Nichts bezahlt, aber Spaß gehabt. Werbung beim Wort genommen – das sorgt für einen gewissen Nervenkitzel und dient letztendlich einer guten Sache. Wer wirbt, muss damit rechnen, dass die Aussagen eines Tages auch mal überprüft werden. Ich bin bereit für das nächste Abenteuer.

Ich und der Axe-Effekt:
Wie viele Frauen braucht ein Mann?

Brauchen Männer Deos? Müssen sie sich tatsächlich morgens, mittags und abends mit ihren weitgehend unbekannten Substanzen einsprühen, um peinliche Schweißbildung zu vermeiden und um dadurch soziale Akzeptanz zu erlangen?

Jahrtausendelang ging es jedenfalls auch ohne Deodorant, ohne dass die Menschheit an ihrem eigenen Körperschweiß zugrunde gegangen ist. Du riechst, du stinkst – da hat es in der Geschichte der Menschheit weitaus größere, bösere und gefährlichere Beleidigungen gegeben. Im Gegenteil – Achselschweiß und durchnässte Brusthaare waren über Generationen hinweg ein Beleg für ehrliche Arbeit. Nur Sesselfurzer schwitzen nicht.

Aber irgendwann in den achtziger Jahren des vergangenen Jahrhunderts konnte die Parfümindustrie die Trendwende durchsetzen und auch Männer, jung und alt, als Zielgruppe verplanen. Wer jetzt immerhin noch kein Deo benutzt, erleidet peinliche Momente, die offenbar sogar zu einem schweren Trauma führen können. Schwitzflecken auf Hemden und T-Shirts sind noch vor dem vorzeitigen Samenerguss so ungefähr das Schlimmste, was einem Mann passieren kann. Wir kennen alle diese schrecklichen Bilder aus der Werbung: Wenn ein Mann schwitzt, reagiert die Umwelt mit Entsetzen und wendet sich angewidert ab.

Es gibt eine Reihe von Deodorants, die mit ihrer chemischen Zusammensetzung den Körperschweiß eines Mannes zurückdrängen können. Aber ein Deo kann noch viel mehr und wird dadurch für Männer aller Altersstufen besonders interessant: Axe vom Unilever-Konzern steigert die Beliebtheit von Männern bei Frauen. Das glaubt man vielleicht erst nicht, ist aber durch diverse Werbeaufnahmen belegt: Zuerst reißt in einem Fahrstuhl eine attraktive Blondine einem Anzugträger ebendiesen vom Leib und vergeht sich an ihm, sein Einverständnis lag offenbar vor. Warum sie das tat? Der männliche Mitfahrer im Fahrstuhl hatte Axe benutzt und dadurch den Axe-Effekt ausgelöst.

Unvergessen auch diese Bilder, die den Axe-Effekt eindrucksvoll belegen:

Tausende von Frauen – echt: Tausende – schwimmen auf einen weitläufigen Sandstrand zu. Gemeinsam hüpfen sie über die Klippen und stürmen wild entschlossen auf einen braungebrannten Männerkörper zu, der sich rein zufällig gerade am Strand mit dem Deodorant von Axe besprüht.

«Spray more, get more» heißt der in sich schlüssige Werbeslogan. Der Betrachter des Werbespots sieht nicht und weiß nicht, wie es nach dem Eintreffen der Frauenhorde für einen Mann, der über den Axe-Effekt verfügt, weitergeht. Aber man ahnt es natürlich: eine wilde Sexorgie, erst die eine, dann die anderen 999 Frauen.

Ein typischer Tag im Leben eines Mannes, sofern er Axe benutzt und am Strand einer einsamen Insel steht.

Beides war mir bisher noch nicht vergönnt. Aber ich kenne inzwischen die Ursache: Ich habe bisher überhaupt kein Deo benutzt und gehöre damit zu einer zugegebenermaßen inzwischen seltenen Spezies, die Verweigerung ist bei mir wie in den meisten anderen Fällen leider altersbedingt. Klagen von Frauen über die Abwesenheit einer chemisch hergestellten Duftnote auf meinen Körper habe ich nie gehört.

Aber so einfach ist das eben nicht mehr. Gegen Erfolg bei Frauen ist jedenfalls grundsätzlich aus der Sicht eines Mannes nichts einzuwenden. Die Erfindung des Axe-Effekts kann sogar als Befreiung und wirtschaftlicher Fortschritt bewertet werden: Früher gab es solche Düfte. Und der Käufer wusste vorher nie, ob die Mischung aus zerriebenen indischen Elefantenhoden mit Resten der Spanischen Fliege zum unverschämten Preis tatsächlich zu extremen sexuellen Abenteuern führt. Sehr unwahrscheinlich.

Jetzt aber steht das explosive Parfümgebräu im Regal im nächsten Supermarkt, sogar mit unterschiedlichen Duftnoten. Eigentlich erstaunlich, dass es nicht wesentlich häufiger in Fahrstühlen, in Meetings und vor der Bar zu Massenorgien kommt, weil sich irgendjemand kurz vorher mit Axe eingesprüht hat.

Oder schweigen alle Beteiligten, damit nicht noch mehr Männer auf den Axe-Effekt setzen und sich dann ja immer mehr die gleich bleibende Zahl an durch Axe angetörnten Frauen teilen müssten? Wie wirkt Axe wirklich? Welche Dosis aus der Dose sollte man verwenden? Und wie sieht es mit einer Garantie aus? Haftet der Hersteller, wenn der Axe-Effekt ausbleibt?

Fragen, die noch nie gestellt wurden. Und zu den Antworten führt nach reiflicher Überlegung nur ein Weg: ein Selbstversuch. Um Ärger zu vermeiden, sollte der möglichst in einer beziehungslosen Lebensphase liegen, denn wieder und wieder die eigene Ehefrau oder Freundin hätte nur eine geringe Beweiskraft für den Axe-Effekt.

Mein Versuchszeitraum erstreckt sich über ein langes Wochenende, für eventuelle Beschwerden bei Hersteller oder Händler plane ich den nachfolgenden Montag ein. Hier exklusiv das Versuchsprotokoll:

Freitag, elf Uhr vormittags: Beginn des Versuchs. Ich betrete die erste Drogerie und stehe nach einer Minute vor dem richtigen Regal und leider nach weiteren zehn Sekunden vor dem ersten

Problem: Welches Axe-Deo soll es denn sein? Es gibt nämlich fünf verschiedene Duftnoten. Soll ich «Instinct» nehmen oder lieber gleich «Shock»?

Ich entscheide mich zunächst für «Moschus». Aus guten Gründen, denn der Duft kam ursprünglich aus dem Sekret einer Drüse am Bauch des Moschushirsches, unmittelbar vor den Geschlechtsorganen.

Niemals hatte man gehört, dass Moschushirsche im Laufe der Geschichte durch Schweißausbrüche unangenehm aufgefallen waren. Moschushirsche sind mittlerweile zwar vom Aussterben bedroht, das liegt vermutlich an dem großen Erfolg als Duftspender, denn irgendwoher muss das Sekret ja kommen. Mittlerweile werden Moschushirsche gezüchtet, der Moschusduft wird schon seit Jahrzehnten synthetisch hergestellt. Was bleibt, ist der Mythos: ein stämmiger Hirsch, der fortwährend Rehe bespringt. Ich gebe zu, dass eine derartige Assoziation meine Kaufentscheidung maßgeblich beeinflusst. Drei Sprühdosen Axe, Duftrichtung Moschus, Einzelpreis 2,98 Euro, landen in meinem Einkaufskorb. Die richtige Wahl?

Vorsichtshalber bitte ich aber doch eine Verkäuferin in der Drogerie um Hilfestellung: «Entschuldigung, welche Sorte finden Sie am besten?» Die Verkäuferin im weißen Kittel, so um die 40 Jahre, ist an derartige hilflose Fragestellungen offenbar gewöhnt und macht sich mit Feuereifer an die Beratung. Ich reiche ihr eine Sprühdose mit «Moschus», sie sprüht es vorsichtig auf ihren Handrücken, schnuppert. Doch so macht das keinen Sinn, *ich* will ja das Objekt der Begierde werden. Also bitte ich die Verkäuferin, mich erstens einzusprühen und zweitens mich zu beschnuppern. Für mich persönlich der erste Frauenkontakt mit Axe-Effekt. Ich öffne die Seitenflügel meines Sakkos, damit der Duft auch meine Achseln erreichen kann.

Nach dem Besprühen bleibt sie allerdings auf Abstand – keine Anzeichen, dass sie in den nächsten Minuten über mich herfallen will. Das trifft sich gut, denn eigentlich ist sie gar nicht mein Typ. Dieser Umstand könnte übrigens generell gegen den Axe-Effekt sprechen: Wenn der Duft alle Frauen enthemmt, wie kann der männliche Deo-Konsument dann die Frauen abwehren, die für seine persönlichen Sexabenteuer auf keinen Fall in Frage kommen? Wo liegt die Altersgrenze bei der Wirkung des Duftes? Schließlich möchte man in der Regel weder mit dem Gesetz in Konflikt kommen (Minderjährige!), noch der unfreiwillige Gespiele für reife, entrückte Damen mit Rollator werden.

Zurück zur Verkäuferin. Sie inhaliert den synthetisch hergestellten Duft des Moschushirsches, verzieht aber nach gefühlten fünf Sekunden bereits das Gesicht: «Boah. Nee. Das ist ja überhaupt nicht ... Das würde ich definitiv nicht nehmen.» Aber sie ist ja, wie gesagt, auch nicht mein Typ, und deshalb bedanke ich mich und trage die drei Spraydosen Axe-Moschus im Korb zur Kasse.

Die Kassiererin, zehn Jahre jünger als ihre Kollegin und unter uns gesagt viel hübscher, hat nach meiner Einschätzung in Sachen Axe-Effekt eine höhere Kernkompetenz. Also traue ich mich, folgende Frage zu formulieren: «Wirkt denn das wirklich so? Ich meine, so wie in der Werbung?» Da lächelt sie ganz süß. «Also, Axe ist eigentlich schon schön.»

«Meinen Sie denn, dass das auch hinhaut? Dass da Frauen schon drauf anspringen?»

Kassiererin: «Dass Sie jetzt mehr Kontakt kriegen?»

«Ja, darum geht es.»

Kassiererin: «Das müsste man dann sehen. Also ich möchte Ihnen da jetzt nichts versprechen. Nachher klappt es dann nicht. Da ist keine Garantie drauf.»

Samstag, 9.30 Uhr, zweiter Versuchstag: Erst wie offenbar überall üblich die Zähne geputzt und geduscht, dann das erste Mal an diesem Tag die Spraydose von Axe in der Hand. Ich öffne ganz vorsichtig die Kappe und schnupper – nichts. Die ersten Sprühversuche, dreimal unter jede Achsel, einmal auf die Brust. Es riecht eher streng, wahrscheinlich nahe am Originalduft des Moschushirsches. Hemd drüber, Sakko an und nichts wie raus in das erste Versuchsfeld. Der Fahrstuhl in meinem Haus, fünf Stockwerke. Ich wohne zwar im zweiten, fahre aber erst allein ganz nach oben, um den Versuchsweg zu verlängern. Da stehe ich vor der Tür und warte auf Mitreisende.

Nach gefühlten zwei Stunden erscheint ein junges Ehepaar, sie drückt den Fahrstuhlknopf. Nö, ich fahre nicht mit, für sexuelle Experimente ist es mir morgens zu früh. Also weiter warten auf eine weibliche Versuchsperson. Endlich: Brünett, schickes graues Kostüm, Halbschuhe – ich habe sie vorher noch nie gesehen. Wir beide rein, ich stehe ihr ganz unverfänglich gegenüber. Dann sind wir auch schon im Erdgeschoss, und es gab fünf Etagen lang nicht den geringsten Hinweis auf den bevorstehenden Austausch von Zärtlichkeiten im Fahrstuhl. Macht nichts, ich habe vorsichtshalber alle drei Dosen mit Moschus mitgenommen.

Samstag, elf Uhr, Straßencafé. Ich lege nach, sechs neue Duftstöße unter jede Achsel, einmal auf den Kopf. Endlich, eine Reaktion: Zwei Frauen vom Nachbartisch verziehen das Gesicht, schauen ungläubig zu mir herüber. Ich lege noch mal nach, vier weitere Sprühattacken erreichen meine Achseln. Jetzt sind sie offenbar sogar richtig sauer und tun so, als wenn sie sich frische Luft zuwedeln würden. Das sieht ziemlich affig aus, und ich bin mir gar nicht mehr sicher, ob sie mich wirklich begehren sollten. Die erste verbale Reaktion auf den Einsatz von Axe lautet:

«Sie sind doch nicht allein hier. Ich will das nicht riechen.»

«Ich dachte, das riecht anregend, ehrlich gesagt.»

Ihre Antwort: «Ich habe mich doch schon geäußert, oder?»

Die Zweite vom Nachbartisch will auch noch was sagen:

«Vielleicht probieren Sie es doch mal mit zwei Flaschen.»

Was sie nicht weiß: Selbst meine erste Sprühdose ist immer noch halb voll, obwohl ich bereits jetzt nach Einschätzung der Damen vom Nachbartisch rieche wie zwei Moschushirsche.

Zwei Stunden später, Eiscafé. Die Gelegenheit ist günstig. Die Dame vom Nachbartisch ist offenbar allein hier, und die Tische stehen eng nebeneinander. Nur wenige Zentimeter trennen mich von der etwa 30-jährigen Blondine. Dieses Mal setze ich alles auf eine Karte und leere ohne Pause die dritte Dose. Sofort werde ich von ihr angesprochen. Dies kann durchaus als erster Erfolg im Versuchsprotokoll vermerkt werden, denn ohne den Einsatz von Axe hätte sie mich sehr wahrscheinlich nicht angesprochen.

Sie hat sogar ein gewisses Interesse:

«Darf ich mal eben fragen, warum Sie immer sprühen?»

«Ich habe gehört, dass es eine anregende Wirkung haben soll.»

Sie: «Ich habe mir das schon gedacht, dass Sie denken, das ist wie in der Werbung.»

«Und?»

Sie: «Kommt nicht ganz hin.»

«Wie empfinden Sie das?»

Sie: «Eher unangenehm.»

«Unangenehm???»

Sie: «Ja. Weil es einem eher die Nasenhaare wegbrennt, als dass es angenehm ist.»

Um es kurz zu machen: So oder so ähnlich enden die weiteren Experimente, die ich an diesem Versuchstag durchführe. Mit einem Restaufkommen von eineinhalb gefüllten Spraydosen Axe-Moschus beende ich den Tag.

Es ist nicht schön, auf so viel Ablehnung zu stoßen. Die Kritiken waren geradezu vernichtend, davon muss ich mich erholen und lasse deshalb den Sonntag als weiteren Versuchstag ausfallen. Lieber allein als diese Zurückweisungen!

Der Hersteller wird schon noch merken, was er da bei mir angerichtet hat.

Montag, zehn Uhr, die Konzernzentrale von Unilever in Hamburg.

Vor dem Betreten des Gebäudes nebele ich mich noch einmal so richtig ein, auch die zweite Dose ist jetzt leer.

Leider hockt die Empfangsdame hinter einer Scheibe. Zufall? Oder Geruchsschutz, weil vor mir schon andere Moschus-Nutzer vorstellig geworden sind?

«Guten Tag, gibt es bei Ihnen wohl eine Beschwerdestelle?»

Empfangsdame: «Beschwerdestelle?» Sie greift zum Telefon. «Worum geht es denn?»

«Ich habe hier dieses Spray, und da bleibt der Axe-Effekt leider völlig aus.»

Empfangsdame am Telefon: «Hier ist unter ist der Herr ...» – sie fragt nach –

«... Herr Lührssen, der steht hier mit dem Axe und wollte sich beschweren. Können Sie bitte runterkommen?»

Ich muss warten und nutze die Gelegenheit. Im Empfangsbereich stehen schicke braune drehbare Ledersessel. Durch jede Drehung im Sessel bei gleichzeitigem Dauersprühen verbreitet sich der Duft in erhöhter Geschwindigkeit. Schließlich ist auch die dritte Dose restlos leer, und ich warte dringend auf eine Stellungnahme des Unilever-Konzerns.

Nach einer Wartezeit von fünfzehn Minuten erscheint eine jugendliche Dame von der Marketingabteilung des Konzerns. Ich komme gleich zur Sache:

«Mache ich vielleicht irgendetwas falsch? Muss ich noch mehr sprühen? Ich habe jetzt an den letzten drei Tagen drei Dosen ...»

Weiter komme ich nicht, sie verzieht das Gesicht wie schon so viele Frauen vor ihr, seit ich den Axe-Effekt teste!

Die Marketingfrau: «Nee, ich glaube, Sie haben schon genug gesprüht. – Was stellen Sie sich denn vor? Wie, wie kann ich Ihnen weiterhelfen? Ich möchte ja gern irgendetwas für Sie tun. Mehr sprühen brauchen Sie, glaub ich, nicht. Dann hat es ja irgendwann den gegenteiligen Effekt.»

Ich verweise auf den Werbeslogan: «Spray more. Get more.» Dieses «more» ist bei mir ja völlig ausgeblieben.

Darauf die Marketingfrau: «Das bleibt ja offen in der Werbung. Sie sehen zwar, dass dann die Frauen kommen, aber ... das ist Interpretationssache. Aber was wir garantieren können, ist, dass es duftet und dass es gegen oder vorm Schwitzen schützt.»

Okay, das tun andere Deos ja auch, gebe ich zu bedenken. Die Marketingfrau sieht sich zu dieser Klarstellung gezwungen: «Es wird nicht dazu kommen, dass Sie letztendlich die Frau fürs Leben finden, das können wir nicht ... Oder überhaupt, dass Ihnen die Frauen nachlaufen.»

Na ja, die Frau fürs Leben muss es ja auch gar nicht unbedingt sein, begründe ich als Kunde ein gewisses Maß an Kompromissbereitschaft. «Wissen Sie, es muss nichts Ernsthaftes sein. Aber da muss doch was laufen.»

Sie könne mir wirklich nicht weiterhelfen. Mit diesen Worten endet die Kommunikation zwischen Kunde und Hersteller. Sie bringt mich zum Ausgang und dreht sich nach der Verabschiedung noch nicht einmal nach mir um.

Der Axe-Effekt zerplatzt wie eine Seifenblase.

Ich war übrigens nicht der Einzige, der daran geglaubt hat. Der 26-jährige indische Staatsbürger Vaibhav Bedi hat den Unilever-

Konzern sogar verklagt wegen irreführender Werbung mit dem Axe-Effekt. Nach Meldungen von Nachrichtenagenturen forderte er einen Schadensersatz von 30 000 Euro. Denn er habe auch nach sieben (!) Jahren regelmäßigen Gebrauchs keine Freundin finden können. Schließlich habe er Depressionen bekommen. Wie Leidensgenosse Bedi auf die Summe von 30 000 Euro kam, wurde nicht gemeldet. Pro entgangener Frau ein Euro?

Leider hat das zuständige Gericht in Amsterdam (Hauptsitz des Unilever-Konzerns) die Annahme der Klage abgelehnt.

Werbedeutsch

A

Aus kontrolliertem Anbau

Es wird Abend. Und bevor die Sonne endgültig hinter seinen Feldern und Äckern versinkt, schaut der Bauer besorgt nach dem Rechten. Sind die Kühe wirklich glücklich? Geht es den jungen Kartoffeln gut? Blüht der Blumenkohl? Wächst und gedeiht alles prächtig? Ohne böse Chemie? Tag für Tag, ob Winter oder Sommer, kümmert sich der brave Bauer persönlich um alles. So oder so ähnlich stellen wir Verbraucher uns das vor, wenn von kontrolliertem Anbau die Rede ist. Die Wahrheit ist: Ob der Landwirt tatsächlich täglich oder nur alle Jubeljahre seinen Anbau kontrolliert, ist damit völlig offen. Der Begriff ist gesetzlich nicht geschützt. Wer was wann und wo und vor allem wie oft kontrolliert, ist völlig offen.

Wer damit wirbt, macht sich mittlerweile fast schon verdächtig – so jedenfalls die Überlegungen beim Knäckebrothersteller Wasa. Folge: Das Signet «aus kontrolliertem Anbau» ist auf den Knäckebrot-Verpackungen nicht mehr zu finden.

Genauer ist da schon die Werbebotschaft: «aus integriertem Anbau». Denn damit ist immerhin die Verpflichtung verbunden, beim Anbau möglichst mit natürlichem Dünger auszukommen und den Einsatz von Chemikalien so weit wie möglich zu minimieren. Allerdings: Pflanzenschutzmittel sind auch beim «integrierten Anbau» grundsätzlich nicht verboten.

Wer auf Nummer sicher gehen will, sollte auf die Worte «ökologisch» und «biologisch» achten. Denn in diesen Fällen ist nach den Bestimmungen der EU tatsächlich ein genauer Nachweis erforderlich, dass keine Chemie auf den Feldern versprüht wurde. Die Vorschriften der EU gelten allerdings nur für Erzeugnisse aus pflanzlicher Produktion, nicht für Fleisch. Es geht noch verwirrender: Das angebliche Gütesiegel «kontrollierte Aufzucht» für Kotelett oder Roulade garantiert nur, dass der Landwirt bei der Aufzucht seiner Schweine und Rinder keine Masthilfen verfüttert hat. Mehr nicht. So bleibt uns Verbrauchern immer noch nur eine Wahl: entweder hungrig oder satt, aber verwirrt.

Aus unserer Region

So ändern sich die Zeiten. Früher freute sich der Verbraucher noch über die Erdbeeren im Winter und die leckeren Äpfel aus Neuseeland. Heute bleibt ihm angesichts der verheerenden Ökobilanz des Transportes der Äpfel aus Neuseeland zum Supermarkt an der Ecke der Bissen im Hals stecken, falls es überhaupt noch so weit kommt.

Für ein frisch zubereitetes Mittagessen kommen schnell über zehntausend Kilometer für den Transport zusammen. Wer hat da noch Appetit und ein gutes Gewissen? Der Konsument wird schließlich immer kritischer.

Das könnte eines Tages zu einer akuten Gefahr für den Absatz werden, clevere Marketingabteilungen beugen vor und machen sich den Gesellschaftstrend zunutze: Aus unserer Region, also doch eigentlich vom Bauern nebenan, da muss man sich doch keine Sorgen machen. Kurze Wege, gut für die Umwelt, kann also ohne Bedenken gekauft werden.

So weit der strategische Hintergrund. Die Praxis: Es gibt keine gesetzliche Verpflichtung zur Angabe des genauen Produktionsortes oder der Region. Der Begriff ist per Gesetz oder Verordnung noch nicht definiert.

Was ist die Region beispielsweise für die Hausfrau aus Aurich: Nur der Landkreis? Ostfriesland? Oder das ganze Bundesland, in diesem Fall Niedersachsen? Oder vielleicht sogar Norddeutschland komplett?

Dennoch kann es sich auch in diesem Fall durchaus lohnen, die Werbung beim Wort zu nehmen. Die Verbraucherzentrale Baden-Württemberg hatte damals jedenfalls Erfolg. «Frisch aus unserer Region» stand auf dem Deckel des Speisequarks der Marke «Gut & Günstig» von Edeka. Der Quark wurde unter anderem in Stuttgart und Konstanz verkauft, nach den Recherchen der Verbraucherschützer aber im Saarland hergestellt. Also eine schon ziemlich große Region, von der niemand vorher wusste, dass es sie gibt.

Die Verbraucherzentrale klagte gegen Edeka und bekam vor dem Landgericht Offenburg recht: Der Slogan musste aus dem Verkehr gezogen werden.

Keineswegs könne der gesamte südwestdeutsche Raum als «unsere Region» angesehen werden, auch wenn Edeka dort als Regionalgesellschaft firmiert. Denn entscheidend sei, was sich der Verbraucher als seine Region vorstellt, und nicht die Gebietsdefinition des Verkäufers.

Übrigens: Kommt Ammerländer Schinken wirklich aus dem Ammerland im Nordwesten Niedersachsens? Antwort: jein. «Ammerländer Schinken» ist zwar eine geschützte geographische Angabe, und der verwendete Hinterschinken vom Schwein muss tatsächlich im Ammerland gepökelt werden. Aber bei den Schweinen darf es sich durchaus auch um Zugereiste handeln. Sonst wäre nämlich der «Ammerländer Schinken» schnell alle.

Actilift

Eine traumhafte Wirkung: Eben noch die Kleidung durch eine Pfütze völlig eingesaut, dann dreimal kurz geschüttelt, und schon ist der Dreck ab und die Farben leuchten wieder. Tolle Sache, diese Fernsehwerbung von Ariel.

Wer so was kann, darf das mit Fug und Recht Revolution nennen. Genauer: eine Revolution mit Actilift. Noch nie gehört – Actilift? Mit dieser eklatanten Unwissenheit ist man nicht allein, auch der Duden oder Wikipedia kennt diesen Begriff nicht. Eine Kreuzung aus aktiv, liften und entlüften. Eine Worterfindung der Marketingabteilung.

Trotzdem soll an dieser Stelle bis zum Beweis des Gegenteils an dem laut Hersteller «einzigartigen Fortschritt auf dem Waschmittelmarkt» nicht gezweifelt werden. «Ein bisher unbekanntes, intelligentes Enzym glättet nun nämlich die Fasern der Kleidung und hilft, das Festsetzen von Flecken zu verhindern.»

Mit dem Abschütteln, das klappt natürlich nicht. Dann brauchte man ja auch kein Waschpulver mehr. So blöd kann keiner sein, schon gar nicht die Hersteller von Waschpulver.

Ampel

Hier die Anwendung zum Lesen einer Nährwerttabelle. Sie finden diese Tabelle auf der Rückseite der Verpackung. Die kleingedruckten Buchstaben, die unübersichtliche Gestaltung – da müssen wir hin. Zum Studium der Angaben ist unbedingt höchste Konzentration erforderlich, und zur Ausstattung des Verbrauchers sollten Lupe und diverse Nachschlagewerke gehören, wie etwa der Einführungsband für Chemie für die Oberstufe. Es geht um unterschiedliche Nährstoffgruppen, genannt werden jeweils die Richtwerte für die Tageszufuhr.

In den fünf Feldern geht es neben den Kalorien um Zucker,

Fettgehalt, die Verwendung von gesättigten Fettsäuren und um Salz.

Geht das nicht einfacher? Doch, mit der Ampel-Kennzeichnung, seit 2006 in Großbritannien erprobt und in Deutschland erstmals vom Bremerhavener Tiefkühlkosthersteller Frosta auf einigen Verpackungen abgedruckt.

Bei der Ampel sind Lebensmittel rot gekennzeichnet, wenn der Gehalt an Fett, Zucker, Salz oder Kalorien hoch ist. Grünes Licht, wenn der Gehalt niedrig ist, und Gelb steht für mittlere Werte.

Ganz einfach, nach etwas Übung kann jeder verstehen, welche Folgen die Nahrungsmittelaufnahme gerade für ihn hat. So einfach, dass man sich fragt, warum sich die Ampel-Kennzeichnung in Europa immer noch nicht durchgesetzt hat und im vergangenen Jahr vom Europäischen Parlament sogar abgelehnt wurde. Hauptargument der Lebensmittelindustrie: Bei der Ernährung gehe es um etwa 40 Nährstoffe, das sei zu viel und zu komplex für drei Farben.

Zu komplex? Also zu schwierig? Wie groß mag im Bereich der EU die Zahl der Erwachsenen sein, die die drei Signalfarben einer Ampel nicht verstehen?

Alkoholfrei

Sein Lieblingsplatz war an der Theke. Dennoch hat sich der Mann im braunen Sakko mit dem kleinen weißen Hund an der Leine um die Senkung des Alkoholpegels in der Bundesrepublik Deutschland verdient gemacht. Er gehe gern mit seinem Hund spazieren und trinke gern alkoholfreies Bier, so seine Aussagen in das hingehaltene Mikro. Und: «Es wirkt, der Hund hört besser als früher.» Verblüffend, denn der Hund hatte ja gar kein Bier getrunken, weder mit noch ohne Alkohol.

Auf «Platz» nahm der Hund in dem Werbespot von Clausthaler aus den 1990ern denn auch kein Platz, aber die treuherzige Versicherung des Hundehalters blieb haften und bereichert bis heute den Wortschatz: «Nicht immer, aber immer öfter.»

Mittlerweile greift Umfragen zufolge über die Hälfte der Bundesbürger regelmäßig zu alkoholfreiem Bier. Tatsächlich nicht immer, aber immer öfter. Jede Pinte schenkt es inzwischen aus. Wer es trinkt, muss keineswegs mehr um sein Ansehen am Stammtisch bangen. Allerdings: Alkoholfreies Bier ist in der Regel nicht frei von Alkohol. Nach dem Lebensmittelrecht dürfen alle Getränke als alkoholfrei bezeichnet werden, die nicht mehr als 0,5 Prozent des Volumens der Flasche an Alkohol enthalten. Erst ab dieser Grenze besteht eine Kennzeichnungspflicht. Übrigens dürfen auch Malzbier und sogar Fruchtsäfte bis zu 0,3 Prozent Alkohol enthalten.

Kann man sich mit alkoholfreiem Bier betrinken? Theoretisch wäre das möglich, rein praktisch wäre das ein mühevoller Kampf zwischen Theke und Toilette. Um auf den Alkoholgehalt eines herkömmlichen Bieres mit fünf Prozent Alkohol zu kommen, müsste man mindestens zehn Flaschen alkoholfreies Bier trinken. Und dabei müsste man sich auch noch beeilen, denn Alkohol wird im Körper nach dem ersten Schluck auch schon wieder abgebaut. Ein Rausch wäre also Schwerstarbeit. Trockenen Alkoholikern wird dennoch abgeraten, alkoholfreies Bier zu trinken. Für sie besteht auch durch den nur geringen Alkoholanteil eine Rückfallgefahr, verstärkt noch durch den Geschmack des Bieres.

«Nicht immer, aber immer öfter» – nach dem Verkaufserfolg wollte die Brauerei diesen Spruch schützen lassen. Und zwar durch die Eintragung als Wortmarke beim Deutschen Patentamt in München.

Das aber lehnte das Patentamt ab, der Widerspruch führte vor dem Bundespatentgericht zu einer Niederlage der Brauerei. Zitat aus dem Urteil: «Es handelt sich bei ‹Nicht immer, aber immer öfter› um einen Werbespruch, der den steigenden Verbrauch einer Ware herausstellt. Allgemein passt er für viele Hersteller und weist ohne Durchsetzung auf kein bestimmtes Unternehmen hin. Er enthält keinen selbständig kennzeichnenden Bestandteil wie etwa ‹Lass dir raten, trinke Spaten›, bei dem ‹Spaten› den Hersteller bezeichnet.»

Viele Verbraucher würden den Spruch zwar inzwischen kennen, fraglich sei aber, ob er einen bestimmten Hersteller zugeordnet wird. Dafür müsste die Brauerei einen Nachweis vorlegen. Ohne diesen «Nachweis der Verkehrsdurchsetzung» könne der Spruch als geschützte Wortmarke nicht eingetragen werden.

Unbestätigten Gerüchten zufolge sollen nach der Gerichtsentscheidung die Marketingleute der Brauerei versucht haben, sich doch mit ihrem alkoholfreien Bier zu betrinken.

B

Balance

Wer bei der Ernährung die Balance hält, der lebt gesund. Etwas Fett, aber nicht viel. Ab und an Fleisch, aber bloß nicht täglich. Wird dieses Wort in der Werbung platziert, klappt die Verknüpfung im Kopf mit der gesunden Ernährung im Magen perfekt.

Was unterscheidet zum Beispiel Miracel Whip Balance vom normalen Miracel Whip? Der Fettgehalt ist um dreizehn Prozent geringer. Der Begriff ist allerdings nicht geschützt, eine Rechtsverbindlichkeit besteht nicht. Balance – das könnte genauso gut mehr Kalorien und höhere Belaststoffe bedeuten. Reine Auslegungssache, welche Balance zu halten ist.

Bayerischer Leberkäse

Wird da gemogelt? Bayerischer Leberkäse kommt doch wohl aus Bayern und enthält Leber? Oder? Richtig ist, dass der bayerische Leberkäse zwar aus Bayern kommt, aber keine Leber enthält und auch keinen Käse.

Die Zutaten sind gepökeltes Rindfleisch, Schweinefleisch, Speck, Wasser, Zwiebeln, Salz und Majoran. Alles wird gebacken, ohne Käse, ohne Leber.

Dieses Rezept ist für einen normal gebildeten Verbraucher sicherlich eine Überraschung, bei dem Namen. Und damit im Grunde ein Verstoß gegen die Lebensmittel-Kennzeichnungsverordnung, die die Verbraucher vor Irreführung schützen soll.

Damit es nicht zu einer Klagewelle in Sachen Bayerischer Leberkäse kommt, ist für das Deutsche Lebensmittelbuch der Leitsatz Leberkäse entwickelt worden. Danach müssen als Leberkäse bezeichnete Lebensmittel außerhalb Bayerns Leber enthalten. Es sei denn, sie (die Lebensmittel) werden Bayerischer Leberkäse genannt.

C

Citrus-Ananas-Getränk

Es muss noch lange nicht das drin sein, was draufsteht. Bei diesem Getränk aus dem Biosortiment der Rewe-Handelsgruppe sind Ananas und Zitrone entgegen der Namensgebung überhaupt nicht vorhanden. Der Geschmack entsteht durch Aromastoffe. Der Fruchtgehalt, den man ja eigentlich vermuten könnte, wird durch färbendes Gerstenmalzextrakt ersetzt. Die Verbraucherzentrale Hamburg hat kürzlich zwanzig Wellness- und Erfrischungsgetränke wie Apfelsaft unter die Lupe genommen. Dreizehn Getränke warben mit Früchten auf dem Etikett. Doch in zehn Flaschen war nicht der geringste Anteil an Fruchtsaft. Der höchste festgestellte Saftgehalt: fünf Prozent.

Die Verbraucherschützer raten deshalb zum Selbermachen: Wasser mit echtem Fruchtsaft mixen sei nicht nur billiger, sondern auch gesünder.

Cholesterinfreies Speiseöl

Ein uralter Reklametrick: Hebe das hervor, was eigentlich selbstverständlich ist, und verkaufe es als neues Wunder. Ohne Cholesterin – das ist bestimmt gesund, soll sich der Verbraucher denken und dann zugreifen. Dabei war in Pflanzenöl noch nie Cholesterin. Alle pflanzlichen Fette sind von Natur aus annähernd cholesterinfrei.

Cerealien

Ein Klassiker der Werbesprache. Eine der ersten Wortschöpfungen für etwas, das überhaupt nichts Besonderes ist. Bekannt durch Kinder Country aus dem Hause Ferrero. Zitat aus der Werbung: «Wir hätten Kinder Country auch staubtrocken machen können oder so zäh wie Gummi. Aber bei Kinder Country sind die Cerealien so knackig, als seien sie gerade in die Milch gefallen.»

Aber was ist eigentlich noch einmal eine Cerealie? Es gab einst eine römische Göttin Ceres, zuständig für Ackerbau und Wachstum (offenbar schon damals wichtig). Die Festlichkeiten zu Ehren dieser Göttin im alten Rom sollen der Überlieferung nach Cerealien genannt worden sein. Aber was haben die alten Feste mit dem modernen Frühstück zu tun? Die Werbefachleute von Ferrero schlugen einen sprachlichen Umweg ein, der nach England führte.

Dort auf der Insel heißen Frühstücksflocken «breakfast

cereals». Eingedeutscht wurden daraus die Cerealien. Gemeint sind Getreide oder die Produkte aus Getreide wie Mais. Aber das würde ja staubtrocken klingen.

D

... wie dämlich

Bei der Werbung ist es wie im richtigen Leben, manchmal geht auch ein Griff daneben. Die Vergabe eines Namens für ein neues Produkt ist eine komplizierte Angelegenheit. Gerade bei einer internationalen Verbreitung ist eine sorgfältige Recherche unerlässlich, Fehler bei der Übersetzung können sich ganz böse rächen. Manchmal passt der traditionelle Name auch schlichtweg nicht in die neue Umgebung. So erging es zum Beispiel der japanischen Firma Kagome, dort einer der größten Hersteller von Gemüse und Obst in Dosen. Bei der Markteinführung in Spanien und Portugal stellte sich heraus, dass dort «kagome» als «Ich habe mir in die Hose gekackt» verstanden wird.

Missverständlich auch, wenn Mützen «elephant balls» (also Elefantenhoden) genannt werden.

Für eine peinliche Liste von Namensunglücken haben die Autohersteller gesorgt. Den bekanntesten Fall liefert nach wie vor Mitsubishi mit seinem Pajero, im Spanischen bedeutet dies: Wichser. Deshalb benannte man ihn in Spanisch sprechenden Ländern in Montero um.

Mit den Spanisch und Portugiesisch sprechenden Ländern hat so mancher Autohersteller seine Not. Hier die dämlichsten Autonamen:

Lada (Chevrolet) Nova: «geht nicht» auf Spanisch («no va»).

Ford Pinto: «Feigling» auf Spanisch, wahlweise auch «kleiner Penis».

Mazda Laputa: «La Puta» ist «Die Hure».

Opel Ascona: eignete sich wegen «Cona», einer vulgären Bezeichnung für das weibliche Geschlecht, ebenso wenig für den Vertrieb auf der Iberischen Halbinsel.

Audi E-tron: «étron» bedeutet auf Französisch «Kot».

Toyota MR2: klingt französisch ausgesprochen wie «merde» («Scheiße»), der Name wurde deshalb auf MR verkürzt.

Audi TT: durfte in Frankreich seinen Namen behalten, obwohl «tête coupé» dort «abgeschnittener Kopf» bedeutet.

Audi Q-Modell: «Q» klingt französisch ausgesprochen wie Hintern.

Citroën-Studie Métisse: zwar allenthalben mit «Halbblut» übersetzt, heißt Métisse allerdings auch «Bastard».

Chrysler PT Cruiser: «pity cruiser» ist ein Jammer-Kreuzer.

Mitsubishi T-Box: könnte ohne Probleme zur «Mitsubi Shit-Box» werden.

Fiat Uno: «Uuno» bedeutet auf Finnisch «Trottel».

Honda Jazz: sollte in Skandinavien ursprünglich «Fitta» heißen, eine sehr, sehr vulgäre Bezeichnung für das weibliche Geschlechtsteil.

Ford Probe: nur ein Probefahrzeug oder nur für eine Probefahrt entwickelt?

VW Phaeton: In der griechischen Mythologie ist Phaet(h)on der Sohn des Sonnengottes Helios. Dieser Phaet(h)on leiht sich unerlaubt eines Morgens den Sonnenwagen seines Vaters aus, ihm gehen auf der Spritztour zwischen Himmel und Erde die Pferde durch, und er löst eine Katastrophe universalen Ausmaßes aus. Der römische Dichter Ovid berichtet: «Die Erde geht in Flammen auf … Große Städte gehen

mitsamt ihren Mauern unter, und die ungeheure Feuers-
brunst verwandelt ganze Völker zu Asche.»

Erst Zeus, von Mutter Erde um Hilfe gerufen, beendet mit
einem Blitz das Chaos, wodurch der Wagen zertrümmert und
sein Lenker Phaet(h)on beim Sturz in die Tiefe getötet wird.

Spüre den Unterschied

Neulich bei Ford. Die neuen Modelle sind noch nicht da, kein Verkäufer weit und breit, ein sehr ruhiger Vormittag im Verkaufsraum. Da kann man auch mal die Blicke schweifen lassen. Meiner bleibt an einem Werbeslogan hängen, der gut ein Drittel der Wand ausfüllt und auch nicht gerade neu ist: «Feel the difference». Kenn ich, wie wohl die meisten, die sich auch nur mittelmäßig für Autos interessieren. Vor zehn Jahren hat sich Ford für diesen Slogan entschieden. Bis heute taucht er in sämtlichen Anzeigen und Werbespots des Unternehmens auf. Feel the difference – Spüre den Unterschied.

Aber wissen auch wirklich alle, was damit gemeint ist, und klappt die Übersetzung aus dem Englischen so reibungslos, wie sich das Marketingstrategen von Ford höchstwahrscheinlich vorgestellt haben?

Denn welchen Sinn soll ein Werbespruch haben, den nur die wenigsten verstehen? Ewiges Rätselraten erwünscht, weil dann die geistige Verweildauer des potenziellen Kunden wächst? Also die ganz raffinierte Methode? Oder wird das Schulenglisch der Bundesbürger schlichtweg überschätzt? Laut einer uralten Werbelegende soll es ja schon Kunden bei Ford gegeben haben, die «Feel the difference» so übersetzt haben: Fühle das Differenzial(getriebe). Nee, kann nicht sein. Oder?

Endlich erscheint ein Verkäufer, Mitte fünfzig, ohne Sakko. Bevor er überhaupt mit der Lobpreisung des neuen Focus Cabrio loslegen kann, stelle ich schnell meine Fangfrage: «Da steht ‹Feel the difference›. Ich überlege die ganze Zeit, was das noch einmal heißt. Sie wissen es bestimmt.»

Der sichtlich überraschte Verkäufer zuckt kurz zusammen und erinnert sich dann rasch an seine Kernkompetenz: «Ich weiß alles über unsere Autos, glauben Sie es mir. Aber bei diesem Werbespruch, da kann ich Ihnen beim besten Willen nicht sagen, was das 'heißt.» Jetzt bin ich überrascht, hier scheint sich gerade auf die Schnelle eine Vorahnung zu erfüllen. Er bietet schließlich an, seinen Kollegen hinten im Büro zu fragen. Der Verkäufer schlurft von dannen und wundert sich wahrscheinlich über diesen Kunden, der kein Auto, sondern eine Übersetzung will. Hin- und Rückweg des Verkäufers dauern wesentlich länger als seine Antwort: Der Kollege wisse es auch nicht. Ob sie sonst noch was für mich tun könnten?

Da wechsle ich lieber den Autohändler und will es jetzt echt wissen: Zehn Jahre nach Einführung des Markenslogans «Feel the difference» werden doch wohl die Verkäufer der Fahrzeuge wissen, was das eigentlich bedeutet.

Leider wieder eine Enttäuschung: Irgendwas mit Fühlen, mehr wisse er aber auch nicht, so die Auskunft eines smarten Juniorverkäufers.

Nächstes Autohaus von Ford: Die blonde 18-Jährige am Info-Tresen tut mir schon leid, als sie es auch nicht weiß und genau wissen will, wo ich das denn gelesen hätte. Ihre Antwort: Das könne man so auslegen, wie man wolle. Aufgrund meiner Hartnäckigkeit – die mir manchmal, wenn auch selten, leidtut – ruft sie den Chef. Jawohl, der weiß es endlich: Spüre den Unterschied.

Schwacher Trost: Neben den Verkäufern verstehen offenbar auch Kunden nicht, was gemeint ist. Spüre das Differenzialgetriebe, das habe er tatsächlich schon häufiger von Kunden gehört, berichtet der Chef des Autohauses.

Es gibt sogar wissenschaftliche Aussagen. Nur 55 Prozent von 1000 Befragten haben bei einer Untersuchung der Kölner Werbeagentur Endmark voll verstanden, was «Feel the difference» bedeutet.

Ziehe die Differenz ab, lautete beispielsweise eine häufige Übersetzung, die bei der Befragung genannt wurde. Ist das dem Hersteller egal? Geht es um geheime andere Ziele als die bloße Verständlichkeit?

Eine Woche später: Besuch bei Jürgen Stackmann, oberste Etage in der Kölner Ford-Zentrale. Stackmann ist für diese Fragen genau der richtige Mann: Er war Marketingchef von Ford in Deutschland und Vize-Chef für Europa. Er war dabei, als der Werbeslogan entwickelt wurde, und gab schließlich grünes Licht für «Feel the difference». Seine wohl größte Erfindung war die Ford-Flatrate, mit der er die Marke auf einen Marktanteil von sieben Prozent heben konnte.

Ein Jahr habe die Entwicklung des Werbespruchs gedauert, erinnert sich Stackmann. Hunderte von Mitarbeitern in ganz Europa seien damit beschäftigt gewesen.

Bei so viel Mühe: Ist es dann nicht niederschmetternd, wenn der Werbespruch nur von 55 Prozent der Befragten verstanden wird?

Stackmann bleibt bei seiner Antwort gelassen. Die Zeit arbeite für seinen Werbespruch, lautet offenbar seine felsenfeste Überzeugung. «Es kauft kein Kunde wegen eines Spruchs ein Auto. Was wir ausdrücken wollen, ist im Kern eine Bewegung der Marke, die über Jahrzehnte zwar irgendwie bekannt und vorhanden war, aber die eigentlich relativ wenig positive Assoziationen ausgelöst hat. Jetzt erkennen die Kunden schon, dass sich die Marke auf eine Reise begeben hat. Insofern leben wir damit, dass sich über Jahre hinweg dieser Markenslogan aufbauen wird, auch in der Verständlichkeit. Wir wollen hier die Reise nicht beenden, sondern dieser Slogan soll leben, auch noch in der Zukunft.»

Schön gesagt vom Marketingchef.

Ob die Begründungen bei anderen Unternehmen auch so gut sind? Bernd Samland (er erfand unter anderem für VW den Namen Touran) hat da seine Zweifel. Englisch sei für die Sprücheerfinder handwerklich einfacher als Deutsch, und manchmal werde deshalb in der Branche zu wenig nachgedacht. Und, sicherlich: Wer international werben will, muss auf Englisch werben. Auch wenn dann eine wortwörtliche Rückübersetzung ins Deutsche gar nicht möglich ist. Blöd nur, dass zwei Drittel der Konsumenten, so jedenfalls das Ergebnis der Befragung durch die Agentur von Bernd Samland, die englische Werbebotschaften entweder gar nicht oder falsch verstehen.

Hier eine Übersicht der schönsten Werbe-Irrtümer:

«Sense and Simplicity» von Philips
Eigentliche Bedeutung: Sinnvoll und einfach (zu bedienen). Das haben aber nur 48 Prozent der Befragten auch so verstanden. Häufige falsche Übersetzungen: Sinn und Einfalt. Die Sinne simpel ansprechend. Einfach wie eine Sense. Denke simpel!

«Taste tuned» von Karlsberg
Eigentliche Bedeutung: Verstärkter, getunter Geschmack. Das verstanden nur 34 Prozent der Befragten. Häufige falsche Übersetzungen: Geschmack dreht dich um. Probiere das Radio aus. Versuche es getönt. Geschmacksverstärker. Oder auch: Teste und trinke.

«It's an addiction» von Humanic (Kleidung)
Eigentliche Bedeutung: Macht süchtig. Das haben aber nur 32 Prozent auch so verstanden. Häufige falsche Übersetzungen: Es ist eine Addition. Es ist ein Süchtiger. Es ist Werbung.

«Broadcast yourself» von YouTube
Eigentliche Bedeutung: Sende dich selbst. Sinngemäß verstanden das nur 30 Prozent der 1000 Befragten im Alter zwischen 14 und 49 Jahren, also die klassische Zielgruppe der Fernsehwerbung. Häufige falsche Übersetzungen: Dein eigener Brotkasten. Mache deinen Brotkasten selbst. Füttere dich selbst.

«Shift the way you move» von Nissan
Eigentliche Bedeutung: Ändere die Art, dich zu bewegen. Das kam sogar nur bei 15 Prozent der Befragten auch so an. Häufige falsche Übersetzungen: Verschiebe deinen Bewegungsstil. Schiebe den Weg, und du kommst voran. Mit dem Hebel den Weg verändern.

«Live Unbuttoned» von Levi's
Eigentliche Bedeutung: Lebe ungezwungen.
Das haben leider nur 14 Prozent auch so verstanden. Häufige falsche Übersetzungen: Leben ohne Knöpfe. Unbekleidet leben. Leben bodenlos. Lebendig angeknöpft.

In den Befragungen tauchen auch einige Klassiker aus der Welt der Werbung wieder auf. «Come in and find out» hieß es einst bei der Parfümerie-Kette Douglas. Nur 34 Prozent der potenziellen Kunden konnten geistig folgen.

Für die meisten wurde aus «Komm herein und schaue dich um» die geschäftsabträgliche Aufforderung: Komm herein und finde wieder heraus.

Gründlich daneben gingen in den vergangenen Jahren auch schon diese Werbesprüche:

«Driven by instinct» von Audi für die TT-Modellreihe
Eigentliche Bedeutung: Angetrieben vom Instinkt. Verstanden haben das nur 22 Prozent der damals Befragten. Häufige falsche Übersetzungen: Triefen vor Gestank. Abdriften der Instinkte. Der Instinkt-Fahrer.

«Where money lives» von Citibank
Eigentliche Bedeutung: Wo das Geld etwas tut. Das haben nur 21 Prozent auch so verstanden. Häufige falsche Übersetzungen: Wo Manni lebt. Wo lebt Geld? Das Leben des Geldes.

«Make the most of now» von Vodafone
Eigentliche Bedeutung: Mach das Beste aus dem Augenblick.
Die Botschaft kam bei nur 33 Prozent der Befragten auch so an. Häufige falsche Übersetzungen: Mach meist nicht alles. Mache es meistens jetzt. Mache keinen Most daraus.

«Fly Euro Shuttle» von Air Berlin
Eigentliche Bedeutung: Fliege mit dem Europa-Pendeldienst.
30 Prozent der Befragten verstanden es sinngemäß. Häufige falsche Übersetzungen: Der Euro-Schüttelflug. Schüttel den Euro zum Fliegen.

Auf dem Rückweg vom Ford-Händler komme ich an einem Elektrofachgeschäft vorbei. Mir fällt ein, dass ich immer noch keinen Rasierapparat habe, diese Einweg-Dinger aus dem Drogeriemarkt rechnen sich auf die Dauer natürlich nicht. Also rein ins Geschäft, und was sehe ich da: die schicken Rasierapparate von Braun. Darüber blickt mich Til Schweiger von einem Werbeplakat an, dazu der Slogan: «Design Desire».
Was heißt das denn schon wieder? Kann bei der Übersetzung das Fachpersonal helfen?

Nein, nicht wirklich. Der ältere Verkäufer kann damit überhaupt nichts anfangen, und die junge Kollegin murmelt etwas von einer Schallplatte von Bob Dylan nach ihrer zwanzig Minuten langen Recherche im Internet. Stimmt, es gab mal «Desire» von Bob Dylan. Aber was hat das mit dem Rasierapparat zu tun?

Wieder zu Hause, schreibe ich eine E-Mail an den Hersteller: Was bitte bedeutet «Design Desire» im Zusammenhang mit einer Rasur? Die Antwort von Braun trifft drei Tage später ein. Ich sei wohl nicht mehr auf dem Laufenden, der Slogan sei gerade geändert worden. Der neue Werbespruch lautet: «Designed to make a difference». Da versteht auf Anhieb ja jeder, was gemeint ist.

Cool Runnings beim Fiat-Händler

Mal ehrlich! Würden Sie diesen Herrschaften ihren Neuwagen im Wert von rund 20 000 Euro anvertrauen? Die Kundschaft besteht aus vier kunterbunt gekleideten Schwarzafrikanern, die auffallend gut drauf sind, sich nur tänzelnd bewegen und pausenlos kichern. Einer von ihnen trägt einen Ghettoblaster auf der Schulter, der den näheren Umkreis von mindestens einem Kilometer mit den Reggaeklassikern von Bob Marley und Peter Tosh zudröhnt. Und die wollen also in ihr nagelneues Auto steigen und losbrausen!

Lieber nicht? Zum Glück gibt es Fiat-Händler. Vorbehalte gegen Schwarze als Kunden sind ihnen fremd, hier zählt nur der Spaß für die Kunden, kein Platz für Spießer. «Alles eine Frage der Phantasie», wirbt die italienische Automarke. Dass die bei Fiat echt gut drauf sind, zeigt der Werbespot für das «offizielle Auto des jamaikanischen Bob-Teams». Vier junge Typen aus Jamaika bereiten sich in dem Werbefilm am heimischen Strand auf die Winterolympiade vor, und das ziemlich eigentümlich. Sie schaukeln in einem Boot von links nach rechts und schieben zu viert eine Strandhütte durch den Sand.

Sie fahren wie die Wilden mit einer Schubkarre über die Dorfstraße und setzen sich einzeln auf eine Waschmaschine zwecks Rüttelerfahrung. Um sich an die Kälte zu gewöhnen, setzen sie sich einen Eisblock auf den Schoß und frieren um die Wette. Am Ende springen sie vergnügt wie beim Bobfahren in den Fiat: zwei vorne, zwei hinten.

Es handelt sich dabei um den Fiat Doblò, einen sogenannten Familientransporter mit dem Design einer flachgelegten Schrankwand. Eine eigentlich karge Kiste. Beim Anblick eines Fiat Doblò würde man jedenfalls nicht vermuten, dass man mit diesem Fahrzeug auch Spaß haben kann.

Bob-Team aus Jamaika, war da nicht mal was? Der Werbespot spielt auf die legendäre Geschichte vom ersten Start einer Viererbob-Nationalmannschaft von der Karibikinsel bei einer Winterolympiade an. Das war 1988 in Calgary. Vorher hatte es auf der Insel noch nie ein Bob-Team gegeben, die Möglichkeiten zum Training auf einer Eisbahn gelten auf Jamaika zu Recht als eingeschränkt.

Angeblich war die Idee bei einem Seifenkistenrennen auf der Insel entstanden. So absurd die Idee zunächst war, gute Sportler gibt es selbstverständlich auch auf Jamaika. Vor allem Sprinter – und bei einem Bobrennen sind ein guter Start und eine hohe Anfangsgeschwindigkeit entscheidend.

Die erste Nationalmannschaft Jamaikas im Viererbob bestand aus gut trainierten Armeeangehörigen, der Steuermann war Leutnant im dritten Bataillon der jamaikanischen Armee.

Beim ersten Start noch von vielen belächelt, schafften sie die Qualifikation und belegten ehrenvoll den letzten Platz. Bei der nächsten Olympiade 1992 in Albertville schaffte der Viererbob aus Jamaika sogar den vierzehnten Platz und war damit besser als die Mannschaften aus den USA, Frankreich, Russland und Italien.

Bei den Anschub-Weltmeisterschaften im Jahre 2000 in Monte Carlo erreichte das Team sogar Gold, denn hier konnten die schnellen Sprinter aus Jamaika ihren Vorteil am besten ausspielen. Später gab es auch noch ein Damenteam, das unter dem schönen Motto trainiert hatte: «The Hottest Thing on Ice».

Eine hübsche Geschichte, wie geschaffen für einen Spielfilm, und so kam es dann auch. Unter dem Titel «Cool Runnings» produzierte der Disney-Konzern eine fiktive Geschichte über den Start der ersten jamaikanischen Bobmannschaft bei einer Olympiade. Hier sprangen allerdings keine Soldaten, sondern gescheiterte Sprinter und Seifenkistenrennfahrer in den Bob. Es gibt durchaus lustige Filmszenen, wie sie beispielsweise mit einem bobähnlichen Wagen auf kleinen Rädern Hügel hinunterfahren und damit zur Lachnummer auf der ganzen Insel werden. Bei der Spielfilm-Olympiade stürzen sie kurz vor dem Ziel mit ihrem altersschwachen Bob auf der Eisbahn um und tragen ihn stolz auf den letzten Metern.

Wenn also der Fiat Doblò nun das offizielle Auto des jamaikanischen Bob-Teams ist, wie reagieren dann die Händler, wenn sie ihr neues Fahrzeug an ähnliche Gestalten wie in der eigenen Werbung verleihen sollen zwecks einer ausgiebigen Probefahrt? Sind die bei Fiat wirklich so offen? Keine Sorgenfalten, keine fremdenfeindlichen Gedanken?

Der Versuchsaufbau stellt mich mal wieder von eine Herausforderung. Ich wohne in Bremen, Jamaikaner sind hier selten, ich kenne leider auch keinen persönlich. Die Jobvermittlung des Arbeitsamtes kann auch nicht weiterhelfen, Aushänge an der Uni bleiben ohne Resonanz. Schließlich lerne ich abends in einer Kneipe einen jungen Mann mit dem Vornamen Kanga kennen. Er kommt aus Kamerun, studiert hier Germanistik und kennt zum Glück noch weitere Landsleute von ihm, die ebenfalls in Bremen studieren. Also abgemacht: Wenn schon Jamaika eine Bobmannschaft stellen konnte, warum nicht auch Kamerun?

Vor dem Besuch beim ersten Fiat-Händler am nächsten Tag legen wir am Weserdeich gemeinsam eine Trainingseinheit ein, um ein ähnliches Gruppenfeeling aufzubauen, das vermutlich die Original-Bobfahrer aus Jamaika hatten: leichte Gymnastik, zu viert hintereinander auf einer Pappe den Deich hinunterrutschen, schnelle Zwischenspurts.

Und dann ziehen wir los: sie zu viert vorneweg, ich als stiller Beobachter mit Abstand hinterher. Kanga hat einen gültigen Führerschein, ausgestellt in Kamerun.

Der Ghettoblaster ist eingeschaltet, tanzend und singend stürmen die vier den ersten Verkaufsraum. Die neuen Kunden sind weder zu übersehen noch zu überhören. Gerade eben noch war ein Autoverkäufer mit einem Ehepaar vor einem Fiat Uno ins Gespräch vertieft. Jetzt lässt er das Paar stehen und eilt in ein Büro, um hinter der Glasscheibe offenbar seinen Chef anzurufen.

Der erscheint auch schon fünfzehn Sekunden später und wittert zu unserem Erstaunen offenbar das Geschäft seines Lebens. «Wollt ihr vier Autos kaufen?», fragt er begeistert in die Runde und hebt seine Hand mit vier ausgestreckten Fingern hoch. Ein netter Empfang: Die Kundschaft wird sofort geduzt, und ob sie Deutsch kann, wird gar nicht erst abgewartet. «Nein, wir wollen nur ein Auto kaufen, und das auch erst Probe fahren», klärt ihn Kanga in bestem Deutsch auf. «Wer will Auto fahren, du? Haben du Führerschein?», fragt der Chef des Autohauses, so um die fünfzig Jahre alt, in einem nicht so guten Deutsch.

Nach dem ausgiebigen Studium des in Kamerun ausgestellten Führerscheins entscheidet der Chef: Probefahrt sei möglich, aber nur, wenn sein Verkäufer das Fahrzeug lenkt. Ich habe schon viele Probefahrten hinter mir, eigentlich reichen eine Kopie des Führerscheins und die Unterschrift unter einer Erklärung über Versicherung und Schadensersatz, um selbst am Steuer sitzen zu dürfen. Unser Team aus Kamerun verzichtet.

Im nächsten Fiat-Autohaus bekomme ich folgenden Dialog zwischen Verkäufer und dem Vierer-Team zu hören:

«Haben Sie schon die deutsche Staatsbürgerschaft? Ich mein, Sie kriegen auch einen Doblò, ohne dass Sie Deutscher sind, das ist natürlich klar. Aber ist sehr interessant für mich.» Und weiter: «Dann wollen alle Mann rein und dann ab, oder was?»

Kanga antwortet: «Ja, wir sind ein Team.»

Autohändler: «Ja, aber Sie wissen, das ist ein neues Auto. Wir müssen jetzt ganz vorsichtig sein. Und ich komme mit.»

Kanga versichert: «Wir kommen doch ganz bestimmt wieder, auch wenn Sie nicht mitfahren.»

Der Autohändler bleibt hart: «Ich komme mit, und wir fahren nur eine Runde.»

Kanga willigt ein, um überhaupt einmal mit seinen Freunden in dem Fahrzeug sitzen zu können. Alle steigen ein, der Autohändler nimmt blitzschnell hinter dem Lenkrad Platz. Mich hält er offenbar für einen unbeteiligten Kunden, dem er nun in den offenbar letzten Minuten seines Lebens noch einen Wunsch zuruft: «Wenn ich in fünf Minuten nicht wieder zurück bin, dann …»

Was ich dann genau tun soll, lässt er offen. Das Autohaus abschließen, seine Frau oder gleich die Polizei anrufen? Länger als fünf Minuten dauert die Fahrt tatsächlich nicht. Das Team ist enttäuscht, der Autohändler schwitzt.

Auch im nächsten und übernächsten Fiat-Autohaus wollen die Verkäufer auf keinen Fall vier Schwarzafrikaner in das Auto steigen lassen. Auch der Hinweis, dass eine Bobmannschaft nun mal aus vier und nicht fünf Personen besteht, hilft hier nicht weiter. Sie lassen keinen der Schwarzafrikaner ans Steuer. Nach insgesamt zehn Versuchen, eine Probefahrt ohne Aufpasser durchführen zu können, hat das Team am Ende des langen Tages Glück: Ein Autohändler übergibt ihnen tatsächlich den Schlüssel für das Fahrzeug, ohne auf seine Mitfahrt zu bestehen. Ihm reicht, wie eigentlich üblich, die Kopie des Führerscheins.

Einer von zehn. Keiner kannte übrigens den Werbespot der eigenen Marke, obwohl der ständig im Fernsehen zu sehen war und obwohl Plakate mit dem lustigen Bob-Team im Fiat Doblò in den Verkaufsräumen hingen. Dieses Ergebnis verblüfft noch mehr als die ständige Ablehnung. Wir hatten natürlich schon vorher geahnt, dass vier fröhliche Schwarzafrikaner als Kunden von morgen Verwunderung und Besorgnis bei den Autohändlern auslösen würden. Schade, dass es dann auch so war.

Wenn die Bank ihre Kunden hängen lässt

Seit der Finanzkrise ist mein Vertrauen in Banken schwer erschüttert. Bis zur Krise waren die Berater der Bank für mich ähnlich seriös wie Staatsbeamte. Grundsätzlich vertraut man ihnen, auch wenn hier und da von Fehlverhalten und Bestechung zu lesen ist. Gewissenhaft verwalten die Bankangestellten mein mühsam verdientes Geld und mehren es – das dachte ich mal. Jetzt ist alles anders: Vermögensberater haben sich als üble Zocker entpuppt, das grundsätzliche Vertrauen ist dahin, weil das Geld weg ist.

Doch ich kann auch zurückschlagen. Ein kleiner Bankkunde kämpft. Denn wer Werbung beim Wort nimmt, ist nicht wehrlos. Nicht verzagen, sondern etwas wagen.

Verlorenes Geld ist so zwar nicht wiederzubekommen, aber mein neuer Tatendrang in Sachen Werbung beim Wort genommen könnte immerhin mit einem tiefen Gefühl der Genugtuung belohnt werden, es denen auch mal gezeigt zu haben. Womit ich vorher allerdings nicht gerechnet habe: Wer die Auseinandersetzung sucht, sollte keine Höhenangst haben. Oder jemanden kennen, der keine hat.

Es geht um diesen Werbespot der norisbank: Ein Mann, Mitte dreißig und im Anzug, hakt sich aus zunächst unerklärlichen Gründen an ein Drahtseil ein, um sich dann von einem Kran zu einer Bank abzuseilen. Das spielt sich in gut zwanzig Meter Höhe ab, und man fragt sich, warum er nicht zu Fuß oder mit der Straßenbahn seine Bank aufsucht, das wäre entschieden einfacher. So aber gerät er ins Stocken und bleibt auf der Mitte des Weges hängen. An einem Drahtseil, in absoluter Todeshöhe. Der Sprecher in dem Werbespot erklärt die Lage so:

«Wenn Sie das Gefühl haben, dass zwischen Ihnen und Ihrer Bank eine tiefe Kluft liegt, Ihre Bankgeschäfte kompliziert sind und Ihre Bank Sie oft alleine lässt. Dann kommen Sie zur norisbank. Wir machen es Ihnen ganz einfach ... Und wir sind immer für Sie da ...»

Kaum ausgesprochen, wird die Werbebotschaft visuell so bewiesen: Zügig fährt eine Hebebühne vor, und ein Korb der norisbank holt den Bankkunden vom Seil herunter. «Wir machen es einfach», verspricht die norisbank.

In mir reift eine waghalsige Idee: Wenn man wirklich mit einem Hebekran vor der Zentrale der norisbank in Nürnberg vorfährt und an einem Drahtseil in Höhe der Chefetage herumhängt, helfen die einem dann tatsächlich? Wenn ja, wie denn? Steht bei denen im Fuhrpark neben den Bonzenschleudern der Vorstandsmitglieder ein Kran mit einer Auslegung von zwanzig Metern plus Arbeitsbühne? Kann die Bank eine schwindelfreie Beratung, im doppelten Sinne des Wortes, durchführen? Wie reagieren die, wenn aus ihrer Werbung Wirklichkeit wird?

Aber erst einmal stehe vor einem großen Problem: Wie bekomme ich eine derartige Megaaktion überhaupt hin? Ich traue mir ja viel zu, aber keinen Drahtseilakt in 20 Meter Höhe. Auf keinen Fall, auch nicht mit Sicherheitsgurt und angeschnallt und mit tausend Ösen und Gurten. Das mache ich auf keinen Fall, das wäre glatter Selbstmord. Und in meinem näheren und auch weiteren Bekanntenkreis ist niemand dabei, den ich um einen derartigen Gefallen bitten könnte. Würdest du für mich bitte an einem Drahtseil hängen? Das kann man fragen, sollte aber nicht mit einer positiven Antwort rechnen.

Ich lasse meine Gedanken schweifen und finde unter dem Buchstaben Z die Lösung: Zirkusakrobaten. Tagelang muss ich herumtelefonieren. Hochseilartisten stehen nicht im Branchenverzeichnis. Manche, die ich erreiche, halten mich für komplett bescheuert und lassen sich auch vom erwiesenen Gegenteil nicht überzeugen.

Andere wittern ein finanzielles Megageschäft und wollen mich um die Summen erleichtern, die ich schon bei den Banken verloren habe. Am Ende dieses neuen Streiches wäre ich pleite, das ist auch keine schöne Aussicht.

Als ich schon aufgeben will, höre ich von der Artistenfamilie Weisheit aus Gotha.

110 Jahre Tradition hat diese Familie auf dem Buckel, wenn sie auf dem Seil stehen, sie sind Teilnehmer des weltberühmten Monte-Carlo-Zirkusfestivals. Die Voraussetzungen für den Job wären bestens. Laut Eigenwerbung im Internet werden nahezu geräuschlose Auf- und Abbauarbeiten garantiert, der Kran verfügt über eine TÜV-Zulassung, eine Haftpflichtversicherung liegt vor. Die Familie ist bekannt durch Handstände und Trompetensoli in 62 Meter Höhe. Der Artisten-Mast im Besitz der Familie gilt als der höchste Europas.

Neben diesen Fakten müssen allerdings auch einige schwere Unfälle vermeldet werden. Familienvorsteher Rudi Weisheit stürzte vor einigen Jahren neun Meter in die Tiefe und brach sich dabei den Mittelfuß. Wenig später stürzte sein Sohn Peter Mario Weisheit aus 17 Meter Höhe ab und zog sich zwölf Knochen- und vier Beckenbrüche zu. Erst nach zweieinhalb Jahren konnte er wieder auf den Mast.

Sein Bruder, André Weisheit, fiel mit einem Motorrad vom Seil und landete mit gebrochenen Füßen und Becken im Krankenhaus. Das Risiko ist also nicht zu unterschätzen.

Schon bei meinem ersten Anruf merke ich, dass Peter Mario Weisheit meinen Sinn für Humor teilt. Seine Truppe hält sich ohnehin gerade in der Nähe von Nürnberg, dem Firmensitz der norisbank, auf. Fünf Leute aus seiner Truppe würden für den Aufbau des Krans reichen, Peter Mario Weisheit will sich dann selbst ans Seil hängen. Zwölf Meter hoch, mit einer Spannbreite von 16 Metern. Nach zwei Stunden könnte alles schon wieder vorbei sein. Wie kann man einen Hochseilartisten mit einer derartigen Show verpflichten, ohne sich für die nächsten Jahre finanziell zu ruinieren? Antwort: mit der Aussicht auf Aufmerksamkeit, Ruhm und Ehre. Ich sichere ihm eine größtmögliche mediale Aufarbeitung dieses gemeinsamen Abenteuers zu und verspreche, alle Benzinkosten und eventuelle Strafmandate zu übernehmen. Denn eine Anmeldung der Drahtseilnummer vor der Zentrale der Bank in der Nürnberger Innenstadt liegt nicht vor, ich habe auch keine beantragt. Es wäre sehr wahrscheinlich sinnlos gewesen. Wer nicht fragt, handelt sich auch kein Verbot ein, rede ich mir erfolgreich ein.

Wir verabreden uns. Weisheit bringt den Kranwagen, einen Mast und das Drahtseil mit, ich alle Zuversicht und ein Kamerateam. Die Komplettausrüstung für diesen Einsatz wiegt 28 Tonnen, verteilt auf den Kranwagen und einen Lkw. Schon das Parken der Fahrzeuge in der Nürnberger Innenstadt ist nur durch die Einbeziehung des Rad- und Fußgängerweges vor dem zwölfstöckigen Gebäudes der norisbank möglich. Doch bis auf ein paar Passanten bemerkt offenbar vorerst niemand den Großeinsatz moderner Technik, die ein Hochseilartist heutzutage mit sich führt.

Peter Mario Weisheit und seine Leute halten Wort: Nach nur zehn Minuten ist der Kranwagen ausgefahren, der Mast steht, und Weisheit hängt im Anzug in zwölf Meter Höhe über der Straßenkreuzung vor der Bankzentrale. Dort sammeln sich hinter den Fenstern im vierten und fünften Stock die ersten Bankangestellten. Doch helfen sie nun ihrem potenziellen Kunden auch aus der Patsche, wie in der Werbung versprochen? Nur damit dieser Kunde gut beraten wird, stehen nun zwei sechzehn Meter hohe Gerüste auf der gegenüberliegenden Straßenseite. Durch Winken und Rufen versucht Weisheit, erste Kontakte zu den Bankmitarbeitern aufzubauen. Und was passiert? Zunächst gar nichts, der Kunde hängt rum, keiner kommt, hilft und handelt.

Ich gebe der Bank eine letzte Chance und sage beim Pförtner der Bank Bescheid: «Guten Tag, ich wollte nur darauf hinweisen, dass draußen ein neuer Kunde hängt.» Er greift immerhin zum Telefonhörer und verspricht:

«Ich werde mich auch gleich um den Kunden kümmern. Ganz kleinen Moment bitte.»

Da muss sich die Kreditanstalt aber beeilen, denn draußen tut sich was. Nacheinander sind Polizei, Feuerwehr, Notarzt unterhalb des hängenden Bankkunden von morgen eingetroffen, auch die Straßenverkehrsbehörde und die Gewerbeaufsicht haben jeweils zwei Vertreter geschickt. Irgendjemand hat da wohl was völlig missverstanden, dabei sollte der Kunde am Hochseil doch ausschließlich durch Bankangestellte gerettet werden. Später erfahre ich, dass die Behörden unsere Drahtseilnummer vor der Bank nach den ersten Anrufen beunruhigter Fußgänger und Autofahrer als versuchten Selbstmord eingeschätzt haben. Ich spreche einen Polizisten an:

«Da waren ja Feuerwehr und Polizei jetzt schneller als die Bank. Großes Kompliment.»

Da ist der Ordnungshüter schon etwas verdutzt und antwortet: «Aber nichtsdestotrotz brauchen Sie dafür eine Genehmigung von der Stadt.»

Mein Einwand: «Ja, meinen Sie denn, dass ich dafür eine

Genehmigung bekommen würde?» – «Weiß ich nicht», meint der Polizist. «Wohl kaum», gebe ich zu bedenken.

In zwölf Meter Höhe beweist Peter Mario Weisheit seinen Durchhaltewillen. Ohne Hilfe der Bank kommt er nicht herunter. Aber er könnte, eine Selbstmordgefahr liegt jedenfalls nicht vor. Deshalb rückt die Feuerwehr wieder ab, während sich die Polizisten unsere Personalien notieren. Doch wo bleibt ein kompetenter Mitarbeiter der Bank, der beweisen kann, dass seine Anstalt wirklich keinen hängen lässt?

Langsam werde ich nervös. Wie lange lässt sich die Polizei die diversen Verstöße – Eingriff in den Straßenverkehr, Falschparken, Störung der öffentlichen Sicherheit und Ordnung – noch bieten? Wie teuer wird das eigentlich? Wie viele Punkte gibt es für das Spannen eines Drahtseils über einer öffentlichen Straße in der Flensburger Verkehrssünderkartei? Und wie lange hält der Artist noch durch? Mittlerweile sind gut dreißig Minuten vergangen. Dabei hatte die norisbank doch versprochen: «Wir sind immer für Sie da.»

Gerade als ich wieder die Bank betreten will, um erneut auf die für den Kunden missliche Situation aufmerksam zu machen, stoße ich vor dem Eingang auf drei Schlipsträger, denen man die Zugehörigkeit zu einer Bank als langjähriger Kunde einer solchen Einrichtung sofort ansieht. Es sind der Pressesprecher und zwei Vorstandsmitglieder.

«Wir lassen ihn natürlich auch nicht hängen. Ist doch klar. Wir haben jetzt einen Lastenkran bestellt, damit wir ihn gleich abholen», versichert der Pressesprecher.

Über eigenes technisches Equipment für diesen Fall verfüge sein Institut allerdings nicht, muss er auf mein Befragen zugeben. Deshalb rückt die Nürnberger Feuerwehr zum zweiten Mal an, dieses Mal auf Bestellung der norisbank, die dafür später auch die Rechnung übernimmt. Die Wartezeit wollen die Banker ihrem in der Luft hängenden Kunden mit einer Tafel Schokolade versüßen, die sie ihm zuwerfen. Aber wie soll der in zwölf Meter Höhe eine Tafel Schokolade fangen?

Immer wieder klatscht die Schokolade auf den Boden, ein merkwürdiges Detail dieser irrsinnigen Geschichte. Mit ihrem Kranwagen befreit die Nürnberger Feuerwehr schließlich die Bank und den Kunden aus der Notlage. Ein Rettungskorb fährt hoch, Peter Mario Weisheit steigt ein, und friedlich schwebt er mit einem Feuerwehrmann an seiner Seite auf den Boden der Tatsachen. Die Banker sehen zufrieden aus, irgendwie haben sie doch Wort gehalten, wenn auch mit Verzögerung.

Zwei Wochen später erhalte ich von der Nürnberger Stadtverwaltung einen Bußgeldbescheid in Höhe von 1142,93 Euro. Diverse Verstöße sind darin zusammengefasst, nur das Parken auf dem Fußgängerweg wird in dem Schreiben nicht aufgeführt. Ich rufe unter der angegebenen Telefonnummer an, um die Behörde darauf aufmerksam zu machen. Leider habe ich das Aktenzeichen nicht gleich zur Hand. «Das macht nichts», beruhigt mich die Dame des Ordnungsamtes am Telefon. «Meinen Sie, hier würde jemals jemand diesen Fall vergessen?»

Tausche alte Möhre gegen neues Auto

Macht es wirklich Sinn, Werbung beim Wort zu nehmen? Weiß nicht jeder, dass in der Werbung geschummelt wird? Und ist es folglich nicht ziemlich dämlich, Werbung ernst zu nehmen und die genaue Erfüllung der Werbeversprechen einzufordern? Aussichtslos und reine Zeitverschwendung? Die hochverehrten Kritiker meiner Vorgehensweise sollten sich einmal in aller Ruhe mit Oliver Brand aus Burgdorf bei Hannover unterhalten. Brand, damals stellvertretender Bürgermeister von Burgdorf, hat nämlich eine alte Möhre aus seinem Kühlschrank gegen eine vierstellige Summe von einem Autohersteller eingetauscht. Es gibt schlechtere Geschäfte.

Jahrtausendwende. Der koreanische Autohersteller Daewoo drängt auf den Markt. Die Voraussetzungen sind nicht die besten: Keiner kann den Namen aussprechen (deshalb heißt Daewoo heute Chevrolet), und noch sind Autos aus Korea Exoten auf unseren Straßen. Mit einem gewagten Werbeversprechen buhlen deshalb die Koreaner um die deutsche Kundschaft. Da soll ein origineller Werbespot weiterhelfen. In dem Spot ist eine Möhre zu sehen, unterlegt mit den Geräuschen eines Autos mit Startschwierigkeiten. Die Möhre rattert und zittert. «Fahren Sie immer noch so eine alte Möhre?», fragt aus dem Off eine wohlklingende Männerstimme. Sie verspricht: «Her damit. Wir zahlen Ihnen viel mehr, als Sie denken, wenn Sie einen Daewoo kaufen.»

Konkreter wird es durch diese Einblendung: «Wir zahlen für Gebrauchte 4000 DM über Listenpreis.»

Für welche «Gebrauchten»? Für gebrauchte Fahrzeuge (sehr

wahrscheinlich) oder für gebrauchte Möhren (sehr unwahrscheinlich)? Da Karotten nach ihrem Gebrauch nicht mehr vorhanden sind, wären also folgerichtig alte Möhren, die noch nicht verzehrt worden sind, die Tauschobjekte im juristischen Sinne.

Oliver Brand hatte gerade ein paar alte Möhren übrig. Eingekauft zum Stückpreis von 22 Pfennig auf dem Wochenmarkt. Er schrieb an die Marketingabteilung von Daewoo, dass er das Angebot gerne annehme und deshalb die schönste seiner alten Möhren gegen die Summe von 4000 DM eintauschen möchte. Ein neues Fahrzeug brauche er nicht, er sei schon mit der genannten Geldsumme glücklich.

Der damalige Vizebürgermeister von Burgdorf erhielt keine Antwort. Nach drei Wochen schrieb Brand deshalb erneut an Daewoo, erinnerte nachdrücklich an die Einhaltung des Werbeversprechens und teilte mit, dass er das Geld nicht behalten, sondern für die Anschaffung von Spielzeug in einem Kindergarten in Burgdorf ausgeben wolle. Diese Vorgehensweise kann zur Nachahmung nur empfohlen werden, auch wenn man kein kommunalpolitisches Amt innehat.

Der Hersteller steht unter Zugzwang: Zum einen legt die Werbebotschaft durchaus die Interpretation – Möhre gegen Kohle – nahe. Zum anderen lässt die in Aussicht gestellte Verwendung der 4000 DM als Spende für Kinder keinen Zweifel an einer guten Tat zu.

Eine Woche nach Eingang seines zweiten Schreibens bekam Brand einen Anruf von der Marketingabteilung des Autoherstellers. Im Laufe einer Konferenz mit Vertretern ihres koreanischen Mutterhauses sei beschlossen worden, tatsächlich die alte Möhre von Brand gegen 4000 DM einzutauschen. Im Laufe der nächsten Tage werde das Geld überwiesen. Vorsorglich wies der Autohersteller darauf hin, dass die Werbeaktion nun beendet sei und auch nicht mehr wiederholt werde.

Weil alle Politiker gute Menschen sind, hat der Vizebürgermeister das Geld sofort für neues Spielzeug in den Kindergärten seines Ortes und Wahlkreises ausgegeben.

Zur Feier des Tages gab es frische Möhren.

Werbedeutsch

E

Ertragswinkel

Auf den ersten Blick war es ein nettes Angebot der Deutschen Bank:

«Wir steigern Ihren Ertragswinkel». Da kann man sich eigentlich nur bedanken für so viel Wohlwollen und alle schlechten Erfahrungen mit Banken in der letzten Zeit glatt vergessen. Bisher allerdings kenne ich meinen Ertragswinkel gar nicht. Wie soll ich ihn dann steigern? Rendite, Dividende – davon hat man schon mal gehört. Aber der Ertragswinkel? Es gibt eine starke Ähnlichkeit dieses bisher unbekannten Ertragswinkels mit dem Logo der Deutschen Bank. Wenn dies der Ertragswinkel sein sollte, ist dann der Ertragswinkel der Bank identisch mit meinem Ertragswinkel, sobald ich Kunde werde?

Schade, dass man sich so ein tolles Angebot durch anstrengende Überlegungen selbst kaputt macht. Denn es wird noch komplizierter:

Mathematiker erklären übereinstimmend, dass ein Winkel grundsätzlich nicht gesteigert werden kann. Winkel ist Winkel. Kennen sich die bei der Bank nicht mit Mathematik aus? Wie wollen sie dann den Ertrag der Kunden steigern? Das wäre ein verheerender Eindruck, und bevor der da war, hat die Bank den Slogan ganz schnell wieder zurückgezogen.

Etikettenschwindel

Wie ehrlich müssen Etiketten sein? Müssen Name und Abbildung mit dem Inhalt identisch sein, oder ist der Hersteller davon völig befreit? Zwischen dem von den Verbrauchern erwarteten und dem tatsächlichen Inhalt klafft eine ganz große Lücke. Zu diesem Ergebnis kam jedenfalls eine Studie der Verbraucherzentrale Hamburg.

Auf der Verpackung steht «Frischkäse mit mildem Ziegenkäse», und eine grasende Ziege ist abgebildet. Der Inhalt besteht aus 92 Prozent Kuhmilchfrischkäse. Und die Fleischwurst mit Geflügelfleisch besteht bei genauer Betrachtung aus 65 Prozent Schweinefleisch.

Der Test war simpel, aber eindrucksvoll. Mitarbeiter der Verbraucherzentrale legten 25 Testpersonen im Alter zwischen 15 und 71 Jahren 23 Etiketten verschiedener Lebensmittel vor. Beim Früchtetee für Kinder erwarteten 80 Prozent der Befragten nachvollziehbar einen Tee, der aus den auf dem Etikett abgebildeten Früchten wie Orangen, Hibiskus und Kirschen besteht. Was wirklich drin ist, steht auf der Rückseite der Verpackung. Kleingedruckt, auf der Zutatenliste. So war noch nicht einmal ein besonderes Testverfahren notwendig, um dem wahren Inhalt auf die Spur zu kommen. Nur die Vorderseite mit den großen Buchstaben und Bildern mit dem Kleingedruckten auf der Rückseite vergleichen – das kann jeder.

So war denn auch zu lesen, dass der Früchtetee zu 80 Prozent aus Zucker besteht, von Orangen und Kirschen ist auf der Rückseite schon keine Rede mehr.

Der Früchtetee ohne Früchte wird schon vor dem Verzehr als Kalorienbombe enttarnt. Auch der Banana Milch-Drink enttäuscht auf der Rückseite der Flasche alle Erwartungen, die das Etikett auf der Vorderseite geweckt hatte:

0,1 Prozent Bananenpüree, 99,9 Prozent restliche Zutaten

wie Magermilch. Außerdem Zucker, Aroma- und Süßstoffe, dazu Carrageen als Stabilisator und die Farbstoffe E104 und E110.

Und die Feinschmecker Champignoncremesuppe besteht nur zu drei Prozent aus Champignons, aber zu 97 Prozent aus «restlichen Zutaten in unbekannter Mengenzusammenstellung».

Kleine und große Buchstaben – in der Werbung ist das immer ein großer Unterschied.

F

Fangfrisch

Fischesser, aufgepasst: Bei der Seezunge aus unserem Angebot handelt es sich um Lagerware. Wer würde da zugreifen? Vermutlich keiner, denn abgelegter Fisch aus dem Lager klingt nicht gerade überzeugend und wirkt keinesfalls anregend auf den Appetit. Das gleiche Angebot «fangfrisch», und die Welt ist wieder in Ordnung.

Kein Gesetz schreibt vor, wie frisch frischer Fisch sein muss. Fest steht nur, dass er in der Tat fangfrisch aus dem Meer, dem See oder aus der Zuchtanlage kommt.

Egal, wie weit der Weg zum Verbraucher auch sein mag – beispielsweise von Island nach Bayern –, erstaunlicherweise bleibt der Fisch immer fangfrisch.

FCKW-frei

Wer will schon schuld sein, dass die Erde eines Tages unbewohnbar sein wird, weil zu viele mit ihrem Haarspray das Ozonloch vergrößert haben? Die schweren Schuldgefühle nehmen viele Hersteller von Spraydosen und Kühlgeräten gern ab. Denn sie bieten nur «FCKW-frei» an. Super, danke.

Doch Moment: Die Verwendung von Fluorchlorkohlenwasserstoffen (eben FCKW) ist bereits seit zwanzig Jahren wegen ihrer schädlichen Auswirkungen auf Atmosphäre und Klima in Deutschland verboten. Warum dann noch dieser Hinweis?

Werbung mit Selbstverständlichkeiten ist irreführend, befand der Bundesverband der Verbraucherzentralen und mahnte insgesamt 38 Hersteller und Händler ab. Darunter war ein Backofenspray mit dem Fantasiesiegel «Treibmittel ohne FCKW». Die beworbenen Geräte entsprachen nach den Feststellungen der Verbraucherschützer lediglich dem gesetzlichen Standard und waren keinesfalls umweltfreundlicher als die Konkurrenzprodukte. Werbung mit Selbstverständlichkeiten bedeutet eben selbstverständlich nichts.

Fettfrei

Worauf kann man sich bloß verlassen? Denn auch der Hinweis «fettfrei» stimmt nie so ganz. Pro hundert Gramm sind 0,5 Gramm Fett erlaubt, auch wenn es «fettfrei» heißt. Bei «fettarm» wächst der Fettanteil schon auf drei Prozent pro 100 Gramm. Der Begriff «voll fett» ist übrigens vom Gesetzgeber bisher noch nicht definiert.

Frisch vom Lande

Ob Fleisch oder Milch – dass sie vom Lande kommen, ist sicherlich richtig, aber auch nicht überraschend: Woher sonst? Bauernhöfe mit Kuhhaltung sind schließlich in einer Stadt äußerst selten. Aber was steht auf dem Lande?

Der kleine schnuckelige Bauernhof oder die Fabrik zur Massentierhaltung?

Letzteres steht auch auf dem Land, oft sogar in entlegenen Winkeln. Der Begriff ist nicht geschützt – grundsätzlich ist leider alles möglich.

Fruchtsaft

Nach der Fruchtsaft-Verordnung darf als Saft nur solches Getränk bezeichnet werden, das zu hundert Prozent «aus dem Fruchtsaft und Fruchtfleisch der entsprechenden Früchte stammt».

Oft stehen in den Regalen Fruchtsaftgetränke. Und durch den Namenszusatz «Getränk» ist schon alles wieder anders: Mindestens dreißig Prozent Frucht reichen beim Apfel-, Birnen-, Kirsch- oder Traubensaft, beim Orangensaft reicht sogar schon ein Fruchtanteil von sechs Prozent.

Wird das Getränk «Nektar» genannt, beträgt der Fruchtanteil je nach Sorte zwischen 25 und 50 Prozent. Pro Liter dürfen sogar 150 Gramm Zucker pro Liter beigefügt werden.

G

Garantie

Wer übernimmt noch Garantie? Der Handel setzt stattdessen zunehmend auf die Gewährleistung. Das ist nämlich im Streitfall billiger und befristeter als die Einhaltung einer Garantie. Bei einer Garantie spielt der Zustand einer Ware zum Zeitpunkt des Verkaufs keine Rolle, denn es wird ja garantiert, dass sie funktioniert.

Der Käufer kann sich auf den Ersatz des Schadens verlassen und ihn einfordern. Bei der Gewährleistung geht es nur um die Mängel, die zum Zeitpunkt des Verkaufs bereits bestanden haben, was erst einmal nachzuweisen ist. Während eine Garantie auch für einen unbefristeten Zeitraum übernommen werden kann (zehn Jahre für manche Uhren), beträgt die Gewährleistung in der Regel 24 Monate und kann bei Gebrauchtwaren auf zwölf Monate verkürzt werden.

Eine «lebenslange Garantie» versprach 2010 der Autohersteller Opel und erlebte damit ein Werbe-Desaster. Denn tatsächlich ist die Garantie auf 160 000 Kilometer begrenzt, die Materialkosten werden bei Reparaturen sogar nur bis 50 000 Kilometer übernommen. Und bei einem Weiterverkauf des Fahrzeuges erlischt die angeblich lebenslange Garantie, falls der neue Eigentümer keine Jahresrate an Opel zahlt. Die Zentrale zur Bekämpfung unlauteren Wettbewerbs schickte deshalb eine Abmahnung an Opel.

Goldener Windbeutel

Der Monte Drink vom Hersteller Zott ist neulich mit einem Preis ausgezeichnet worden. Ab sofort kann auf allen Etiketten des Getränkes auf diese Auszeichnung hingewiesen werden, das gehört bei diesem Preis dazu. Allerdings hat der Hersteller darauf verzichtet. Nicht aus Bescheidenheit, denn bei diesem Titel handelt es sich um den «Goldenen Windbeutel», der für die, so wörtlich, «dreisteste Werbelüge» vergeben wird.

Wer seinen Ärger über fiese Tricks in der Lebensmittelwerbung loswerden will, ist auf der Webseite www.abgespeist.de, eingerichtet von den Lebensmittelwächtern des Vereins foodwatch, genau richtig. Einmal im Jahr wird hier darüber abgestimmt, wer den Negativpreis bekommen soll. Die Reihe der Kandidaten ist mittlerweile lang, allzu oft stimmen Werbung und Wahrheit nicht überein, und auf der Webseite wird es ganz konkret. Auf die Zahlen und Fakten können die ertappten Lebensmittelhersteller direkt reagieren und sich mit ihrer Sicht der Dinge rechtfertigen.

Beim Monte Drink war die Sache so: Laut Hersteller ein «idealer Begleiter für Schule und Freizeit», laut abgespeist.de handelt es sich dabei um eine Kalorienbombe erster Güte. Umgerechnet acht Stück Würfelzucker sollen in einem Fläschchen stecken – mehr als in der gleichen Menge Cola. Ungesüßte Produkte würden leider nicht den Geschmack des Konsumenten treffen, antwortete das Unternehmen. So bleibe nichts anderes übrig, als den «gewünschten Süßgeschmack mit so wenig Zucker wie möglich herzustellen». In diesem Fall also acht Stück.

Folge der Preisverleihung: Der Werbespruch wurde ausgetauscht. Vorher: «Der ideale Begleiter für Schule und Freizeit». Jetzt: «Genau der richtige Proviant für unterwegs». Als Favorit auf den Preis galt unter den Teilnehmern auch die Flasche Beo Heimat von Carlsberg. Biologisch sind an der Brause aber gerade die 5,5 Prozent Zucker und Gerstenmalz, so die kritischen Verbraucher. In ihrer Antwort konnte die Brauerei auf das Bio-Siegel verweisen, welches die Flasche trotzdem bekommen hat.

Gefrierbrand

Ein Schreckenswort, für die brave Hausfrau in der Welt der Werbung noch schlimmer als Herzrhythmusstörungen an der Herdplatte oder ein Ohnmachtsanfall vor dem Backofen. Gibt es diesen schlimmen Gefrierbrand wirklich, oder handelt es sich dabei mal wieder um ein verkaufsträchtiges Horrorszenario der Werbeindustrie, um massenhaft Frischhaltefolien an die Frau zu bringen?

In der Tiefkühltruhe gibt es tatsächliche Temperaturschwankungen. Beim Ansteigen verdunstet Wasser, das Produkt in der Tiefkühltruhe kann austrocknen, dadurch bilden sich Hohlräume, und am Ende sind helle Flecken zu sehen. So sieht Gefrierbrand aus, dessen grundsätzliche Existenz an dieser Stelle ausdrücklich bestätigt werden muss.

Geld-zurück-Garantie

Was kann Frauchen oder Herrchen tun, wenn die geliebte Katze ihren Napf nicht mal zur Hälfte leer isst und dem Besitzer immer wieder böse Blicke zuwirft? Oder wenn sie eines Tages «Rind und Lamm in Sauce» gar nicht mehr anrührt? Bleibt der Magen der Katze auch leer, die Haushaltskasse könnte sich wieder füllen. Denn Whiskas verspricht auf der Verpackung und in Anzeigen eine Geld-zurück-Garantie. Davon weiß die Katze zwar nichts, und ob sie wirklich Whiskas kaufen würde, ist auch nach Jahrzehnten durch nichts bewiesen.

Aber ihr Besitzer könnte sich immerhin sein Geld für das Tierfutter vom Hersteller desselben zurückholen. So leicht ist das allerdings auch nicht, beweist wieder einmal das Kleingedruckte. Bei der letzten Aktion gab es folgende Voraussetzungen, um an sein Geld zu kommen:

«Mindestens drei Sorten Nassprodukte oder eine Sorte Trockenprodukt füttern. Schmeckt der Katze eines davon nicht, bitte kurze Begründung sowie Kassenzettel und Bankverbindung einsenden.»

Noch komplizierter war die Inanspruchnahme der «Zufriedenheitsgarantie» von Activia. Wem nur ein Joghurt nicht schmeckte, hatte Pech gehabt, es mussten mindestens 28 Portionen sein.

Aus den Teilnahmebedingungen: «Bitte schicken Sie eine kurze Begründung (mindestens 15 Wörter) zusammen mit den ausgeschnittenen Aktions-Logos und den Kassenbons für mindestens 28 und maximal 32 Portionen (4 × 115g-Packung, 460g-Packung oder 4 × 125g-Packung = 4 Portionen, 8 × 115 g Packung = 8 Portionen oder 300g-Drink-Flasche = 1,5 Portionen) ein.» Alles klar? Mit anderen Worten: erst ein Großeinkauf, bevor eine Beschwerde überhaupt möglich ist.

Für eine Entschädigung von maximal 8,99 Euro mussten

auch bei Schwarzkopf nach dem Erwerb eines Shampoos eine Menge Vorarbeiten geleistet werden, um seine Beschwerde loszuwerden und sein Geld zurückzubekommen: «Bitte folgende Dinge einsenden: den ausgeschnittenen EAN-Strichcode der Verpackung, Original-Kassenbon mit ausgewiesenem Kaufpreis und Kaufdatum, eine kurze Begründung (mindestens 15 Wörter)».

Die Hersteller haben nichts zu verschenken. Die Geld-zurück-Garantie sorgt zwar für Kundenbindung und gilt als Beweis für überprüfbare Qualität.

Doch so einfach soll es dem Kunden dann doch nicht gemacht werden:

Die Aktionen sind oftmals zeitlich befristet. Und wer hebt schon den Kassenbon vom Einkauf noch wochenlang auf und sammelt immer wieder neue? Häufig werden für die Rückgabe nur die Originalverpackungen akzeptiert – die müsste der Verbraucher vorsichtshalber aufheben.

Und wer auf Nummer sicher gehen will, sollte sein Geld per Einschreiben zurückfordern – was leider auch kostet.

German Kleinigkeit

Die in ein zartes Weiß gehüllte Schauspielerin Mia Florentine (bei welchen Filmen sie mitgewirkt hat, gilt bis heute als offene Frage) war vor ein paar Jahren häufiger auf Partys in Los Angeles und wurde stets sehnsüchtig von den Gästen erwartet. Denn alle waren nach ihren Worten «ganz verrückt auf die German Kleinigkeit», die sie dann mitbrachte. Es handelt sich dabei um schneeweißes Raffaello «ohne Schokolade». Ohne diesen Werbespot von Ferrero hätten wir nie erfahren, dass uns die Amis weder um unsere Fußballnationalmannschaft noch um Porsche oder Mercedes so sehr beneiden wie um die «German Kleinigkeit».

Die angeblich so begehrte «German Kleinigkeit» gibt es in den USA in fast jedem Supermarkt – als «Crispy Creamy Coconut Almond Treat» vom gleichen Hersteller. Warum hat Ferrero das den Amis nicht vorher gesagt? So mussten sie auf den heißesten Partys in L.A. ausgerechnet immer auf eine Schauspielerin warten, die keiner kennt.

Grundpreis

Seit dem Wegfall der Verpackungsnorm, also seitdem es zur Verwirrung der Verbraucher auch 1,2 Liter-Flaschen und 95-Gramm-Tafeln Schokolade gibt, soll der Grundpreis durch den Preisdschungel im Supermarkt führen.

Auf einem Schild am Verkaufsregal muss der Grundpreis der jeweiligen Verpackung pro Kilogramm oder Liter stehen, bei kleineren Mengen bis zu 250 Gramm oder 250 Millilitern dürfen als Mengeneinheit 100 Gramm oder 100 Milliliter angegeben werden. Bei Konserven beziehen sich die Angaben auf das Abtropfgewicht.

Leider ist die Schriftgröße nicht vorgegeben, in vielen Supermärkten empfiehlt sich die Mitnahme einer Lupe. Die Infos sind oftmals so tief angebracht, dass der Kunde in die Knie gehen muss, um den Grundpreis zu erfahren. Dabei lohnt sich der Vergleich. Wer nämlich denkt, Großpackungen seien immer günstiger, irrt bisweilen. Die Zeitschrift «Öko-Test» fand bei einem Vergleich eine Nachtcreme, bei der die 15-Milliliter-Tube 45 Cent kostete, was einem Grundpreis von drei Euro entsprach.

Die 50-Milliliter-Tube kostete 5,25 Euro. Damit stieg der Grundpreis von drei auf 10,50 Euro.

Gourmet

Ein wahrer Genießer sollte sich durch Siegel und Etiketten mit dem Zusatz «Gourmet» nicht verführen lassen. Diese Bezeichnung ist nicht geschützt, auf Qualität, Herstellung und Genuss lassen sich deshalb keine Rückschlüsse ziehen. Für «Hundert Prozent Genuss» und «Hohe Qualität» gilt leider das Gleiche. Der wahre Gourmet kocht am besten selbst oder lässt kochen.

Guerilla-Werbung

Wer war das? Und, vor allem, was sollte das? «Montag ist Reistag» stand morgens plötzlich auf Berliner Straßen und Plätzen. Dieselbe merkwürdige Botschaft war auch auf Tausenden von Haftzetteln zu lesen, die in Berlin auf Briefkästen geklebt worden waren. Ordnungsamt und Polizei ermittelten und fanden heraus, dass außerdem abwaschbare, umweltschonende Kreide benutzt worden war. Dieselbe Botschaft tauchte wenig später in München, Hamburg und Bremen auf – «Montag ist Reistag». Dahinter steckte eine Werbeagentur, die von der Marke Uncle Ben's beauftragt worden war. Die Parole hatten Mitarbeiter der Werbeagentur zusätzlich gesprüht, ohne Genehmigung der Behörden, und bewegten sich deshalb hart am Rand der Legalität.

Ein typisches Beispiel von Guerilla-Werbung, die mit wenig Mitteln die größtmögliche Wirkung erzielen soll. Unerwartet, überraschend, gezielt – wie bei einem Attentat.

Abseits der ausgetretenen Werbepfade soll die Kundschaft mit Werbung mehr oder minder überfallen werden – durch eine persönlich wirkende E-Mail, eine SMS, ein schickes T-Shirt oder eben eine plötzliche Botschaft auf dem täglichen Arbeitsweg. Dabei soll vor allem auf den realen Nutzen des Produktes hingewiesen werden, auf die üblichen Werbeversprechen mit entsprechender Gefühlsduselei wird in der Regel verzichtet.

Der Begriff war Mitte der achtziger Jahre durch den amerikanischen Marketingstrategen Jay C. Levinson geprägt worden. Von seinem «Guerilla-Marketing-Handbuch» sollen 14 Millionen Exemplare verkauft worden sein.

Je größer die Werbeflut, desto häufiger kommt es zum Einsatz der Guerilla-Werbung. Mit weiteren Anschlägen ist also zu rechnen.

200 Gramm Kalbsleberwurst

Die Bedienungen an den Fleischtheken in den Supermärkten von Edeka verfügen über außerordentliche Fähigkeiten, die in einem bekannten Werbespot eindrucksvoll gezeigt und bewiesen werden. Die Trefferquote beim Abwiegen der Wurstwaren muss als geradezu sensationell eingestuft werden. Aufs Gramm genau, die volle Punktlandung an der Fleischtheke. Wer 100 Gramm Baguette-Salami bestellt, bekommt auch genau 100 Gramm – kein Gramm mehr oder weniger. Und wer 200 Gramm Kalbsleberwurst haben will, wird ebenfalls perfekt bedient. Keine lästige Nachfrage wie: «Darf's ein bisschen mehr sein?» Eine Frage, die man aus purer Höflichkeit immer mit einem «Ja» beantwortet.

Einmal zeigte die Waage in dem Werbespot 281 Gramm Mortadella an, obwohl der männliche Kunde mit einem herausfordernden Gesichtsausdruck exakt 268 Gramm bestellt hatte. Sollte die Verkäuferin also doch scheitern? Nein, in dieser Werbung niemals. Die Verkäuferin nimmt eine Scheibe von den abgewogenen 281 Gramm herunter und schenkt sie nach alter Fleischertradition der Tochter des Kunden. Prompt zeigt die Waage die gewünschten 268 Gramm an. Der Kunde ist verblüfft und schaut die blonde Bedienung bewundernd an. Die fragt obercool: «Noch einen Wunsch?»

Seit diesem Werbespot weiß ich, dass ich die Tätigkeit des Verkaufspersonals an den Fleischtheken leider jahrelang missachtet habe. Mal mehr, mal weniger – ich habe ihnen gar nicht zugetraut, aufs Gramm genau abwiegen zu können. Und deshalb nie darauf bestanden. Man will ja nicht den Laden aufhalten, und fünf Gramm mehr Kalbsleberwurst als ursprünglich eingeplant werden nicht zu einer extremen Belastung der Haushaltskasse führen. Aber genau diese Höflichkeit könnte am Ende die Fleischverkäufer vom Erreichen beruflicher Höchstleistungen abhalten. Jeder bringt nur die Leistung, die von ihm gefordert wird. Der Werbespot hat zweifellos Vorbildcharakter. Wie viele Verkäuferinnen an den Fleischtheken lauern nur darauf, endlich einmal ihr volles Können beweisen zu dürfen?

Bei meinem nächsten Einkauf will es ich wissen.

Edeka-Markt, an der Fleischtheke: der erste Versuch in meinem Konsumentenleben, aufs Gramm genau bedient zu werden. Die schwarzhaarige Verkäuferin, Anfang dreißig und betont freundlich, ist natürlich ahnungslos, als ich an der Reihe bin. Mit meiner Bestellung halte ich mich an den Werbespot: «200 Gramm Kalbsleberwurst hätte ich gern.»

Sie schneidet ein Stück von der Wurst ab, die Waage zeigt 170 Gramm an.

«Da fehlen ja nur noch 30 Gramm, dann haben Sie es», mache ich ihr Mut.

Etwas genervt gibt die Verkäuferin zu bedenken: «Dann muss ich Ihnen noch so eine Scheibe dazu machen.»

Ich willige ein. «Ja, Hauptsache, 200 Gramm.»

Sie schneidet von dem großen Stück Kalbsleberwurst aus der Theke ein sehr kleines Stückchen ab, und zwar mit Sorgfalt. Ihr Lächeln ist verflogen, ihr Gesicht wirkt jetzt doch etwas angestrengt. 198 Gramm meldet die Waage.

«Nahe dran, aber noch nicht perfekt», lautet mein aufmunternder Kommentar.

«Tut mir leid, aber wie soll ich denn hier zwei Gramm dazulegen?», lautet ihre Frage, um es dennoch zu versuchen. Das neue Stückchen Kalbsleberwurst treibt allerdings die Anzeige der Waage auf 214 Gramm.

«Sind jetzt wieder 14 Gramm zu viel. Das ist ja zum Verrückt-werden», gebe ich zu bedenken. Doch ihr Einsatz wird belohnt. Zehn Minuten nach der Bestellung erhalte ich exakt die bestellte Menge – 200 Gramm Kalbsleberwurst. Kein Gramm mehr, kein Gramm weniger.

«Super», lobe ich die Verkäuferin, um gleich hinterher meine zweite Bestellung aufzugeben: «Und dann nehme ich von der Teewurst noch mal 240 Gramm, bitte.»

Da platzt der anfangs so netten Verkäuferin der Kittelkragen: «Nee, also ich mach das mit der Leberwurst. Also das ... Ich habe die ganze Leberwurst zerschnitten, weil ich das so nicht hin-kriege. Nee, dieses Mal nicht.»

Sie verlässt die Theke, um offenbar den Chef zu suchen. Ich wechsle den Supermarkt. Noch einmal die gleiche Bestellung, vielleicht klappt es ja hier auf Anhieb. «200 Gramm Kalbsleber-wurst, bitte.» Diese Verkäuferin liegt nach dem ersten Schnitt bei 235 Gramm. «Soll ich was abschneiden?», fragt sie und weiß noch nicht, dass dieser Kunde der schwierigste in ihrem Arbeits-leben sein wird.

Ich versuche, etwas vorwurfsvoll zu klingen: «Ja, auf jeden Fall. Das sind ja 35 Gramm zu viel.» 187 Gramm, dann 222 Gramm – sie schafft es einfach nicht. Die überflüssigen Kleinst-teile der Kalbsleberwurst liegen vor ihr und lösen eine neue Besorgnis aus: «Das kann ich ja jetzt nicht mehr dran kleben. Und eine neue anschneiden ...»

«Aber ich wollte doch nur genau 200 Gramm», unterstreiche ich meine Hartnäckigkeit. Ratlos blickt sie auf die 222 Gramm.

«Das sind nur noch 22 Gramm zu viel, die kriegen wir doch auch noch weg. Ich hoffe, ich bring Sie nicht durcheinander», versuche ich sie anzuspornen. Dann ist auch diese Verkäuferin offenbar bereits mit den Nerven am Ende. Sie bittet eine ältere Kollegin um Hilfe. Der hohe Verschleiß von Fachpersonal ist mir zwar einerseits peinlich, zum anderen will ich es wirklich wissen, ob da mal wieder die Werbung übertrieben hat.

Wir starten also wieder bei 222 Gramm, 22 mehr als bestellt. «Ich muss Ihnen ganz ehrlich sagen, ich bin 13 Jahre hier, aber so etwas habe ich am Tresen noch nie erlebt.» Neben mir schaltet sich plötzlich eine Kundin ein: «Ich fasse es echt nicht. Sind Sie sonst auch so pedantisch?»

Ich bejahe und werde dadurch endgültig zum gemeinsamen Hassobjekt von Verkäuferin und Kundin. «Meine Kollegin ist fix und fertig. Soll ich Ihnen jetzt ein kleines Stück noch abschneiden?», bettelt die Verkäuferin um meine Gnade. Zwecks weiterer Erforschung des Wahrheitsgehaltes von Werbeversprechen bestehe ich trotzdem darauf. Die Waage zeigt nun 203 Gramm an. «Vielleicht können jetzt auch endlich mal andere Leute bedient werden», bedrängt mich die Kundin, obwohl sie erst höchstens zehn Minuten wegen der korrekten Ausführung meiner Bestellung warten musste.

«Drei Gramm zu viel. Da müssen Sie nichts dazubezahlen», mit diesen Worten startet die Wurstfachverkäuferin einen Lockversuch. Ich mache mich weiter unbeliebt. «Es ist nicht die Menge, die ich wollte.»

Verkäuferin, verzweifelt: «Ich ziehe jetzt noch das Papier ab.» Ergebnis: nur noch ein Gramm zu viel. «Ein Gramm? Da will ich mal alle Fünfe gerade sein lassen», so sorge ich für kurzzeitige Entwarnung an der Fleischtheke.

Aber nur kurz, denn meine neue Bestellung schlägt hier wie eine Bombe ein:

«242 Gramm Kümmelsülze.» Die ältere Verkäuferin verweigert die weitere Bedienung, ihre jüngere Kollegin erholt sich offenbar im Sozialraum vom Wurstverkauf unter diesen erschwerten Bedingungen. Und die Kundin, die anscheinend nicht so aufs Gramm achten muss wie ich, macht inzwischen offen Stimmung gegen mich. Kurzum: Die Lage an der Wursttheke wird bedrohlich und aussichtslos.

Eine Woche später. Die Wurst ist alle, mein Experiment aber noch nicht abgeschlossen. Wie in der Originalwerbung habe ich nun ein Kind dabei, um dem Fachpersonal die Möglichkeit zu bieten, eine Scheibe Wurst zu verschenken, damit die bestellte Menge auf das Gramm genau erreicht werden kann. Carlotta ist gerade vier Jahre alt geworden und steht auf Mortadella.

Also: «Ich hätte gern 268 Gramm Mortadella», lautet meine Bestellung wie im Werbespot. Antwort der neuen Verkäuferin nach ihrem ersten Blick auf die Waage: «Entweder 259 Gramm oder etwas mehr.» – «Ja, nee. 268 Gramm genau», wiederhole ich. «Wie soll ich das denn so genau hinbekommen?», fragt sie sich und mich. «In der Werbung geht das auch», gebe ich zu bedenken. Sie schneidet ein neues Stück an. «Ach, jetzt sind es 21 Gramm zu viel.» Sie schneidet wieder vom großen Stück ab, schnippelt an der Wurst herum und liegt schließlich bei 270 Gramm. Wenn sie dem Kind eine Scheibe reiche, werde das gewünschte Gewicht vielleicht erreicht, schlage ich ihr vor. Doch leider hat sie Pech. Die verschenkte Scheibe Mortadella drückt das Ergebnis auf der Waage auf 260 Gramm – acht Gramm zu wenig.

«Kriegen wir das noch hin?», frage ich betont vorsichtig.

Sie schneidet ein neues Stück an. Jetzt sind es wieder 21 Gramm zu viel.

«Was wollen wir jetzt machen?», will sie ausgerechnet von mir wissen und schaut dabei fragend um sich.

Wir könnten so noch Stunden vor und hinter der Wursttheke verbringen. Stattdessen ruft sie ihren Chef, der heißt Herr Raasch. Der kann es allerdings auch nicht besser, sein bestes Ergebnis sind 270 Gramm. «Ich will ja nicht mehr kaufen und bezahlen, als ich eigentlich will», erkläre ich ihm. Meinen Vorschlag, wieder eine Scheibe herunterzunehmen, befolgt er nicht.

«Sagen Sie jetzt nicht, ich soll Ihnen etwas schenken. Das tue ich nämlich nicht.»

Spielt er jetzt die beleidigte Leberwurst? Er schneidet, wiegt und schneidet. Zwischendurch überprüft er, ob die Anzeige der Waage überhaupt korrekt ist – sie ist es. Die zerschnippelten Wurstreste können nicht mehr verkauft werden, aber auf diese Verluste kann ich jetzt keine Rücksicht mehr nehmen.

Verkäuferin, Herr Raasch und ich blicken mit großer Anspannung auf die Waage: 268 Gramm. «Na bitte, geht doch», fasse ich zusammen. Und der Rest fürs Kind? «Nee, nee, nee», weigert sich Herr Raasch, ausgerechnet jetzt die bewährte Tradition des Fleischerhandwerks fortzusetzen. Deshalb verzichte ich auf weitere Bestellungen und dürfte damit für Erleichterung gesorgt haben.

An dieser Stelle möchte ich mich bei allen beteiligten Verkäuferinnen, Herrn Raasch und den anderen Kunden, die wegen mir warten mussten, entschuldigen. Aber wie sollte ich sonst herausfinden, ob das grammgenaue Abwiegen von Wurstwaren überhaupt möglich ist. Und das hatte ja Edeka behauptet und nicht ich. Hiermit verspreche ich allen Wurstverkäuferinnen: Ich tue das nie wieder.

Ein Renault auf der Treppe

Seit dem grandiosen Reinfall bei den Probefahrten mit dem neuen Ford Focus, die mit großen Unstimmigkeiten und der Alarmierung von Polizeidienststellen endeten, suche ich immer noch ein passendes Fahrzeug. Ich bin keiner, der nur von A nach B kommen will, ich will Spaß. Da das Erreichen von Höchstgeschwindigkeiten heutzutage fast immer mit dem Verlust des Führerscheines verbunden ist, geht es für mich nicht um den Supersportwagen, sondern um ein Auto, das anders Laune macht.

Die Zeitungsanzeige des französischen Autoherstellers Renault löst deshalb bei mir sofort große Begeisterung aus. Es geht um den Renault Scenic RX 4, ein seltenes Allradmodell der Franzosen. Denn mit diesem Auto kann mich laut Werbung keine Treppe mehr aufhalten – Stufen rauf, Stufen runter. Im Grunde eine Revolution in der Geschichte des Automobilbaus. Der Käufer dieses Fahrzeuges darf entscheiden, was eine Straße ist. In der zweiseitigen Anzeige von Renault steht das Fahrzeug dank permanentem Allradantrieb auf einer großflächigen Treppe. Darunter die eindeutige Aufforderung:

«Was eine Straße ist, entscheiden Sie».

Ich nehme die Einladung gerne an. Gleich am nächsten Tag will ich deshalb beim ersten Händler von Renault vorsprechen. Schon am Telefon höre ich, dass das Fahrzeug leider in seinem Bestand gar nicht vorhanden ist. Es folgen ähnliche Absagen anderer Händler.

Erst bei einem Renault-Händler in Hannover werde ich fündig und kann endlich einen Termin für die Probefahrt abmachen. Voller Vorfreude betrete ich das Geschäft. Es läuft wie am Schnürchen. Kopie vom Personalausweis, Unterschrift für die Versicherung, schon drückt mir der Autoverkäufer den Fahrzeugschlüssel in die Hand. Der Tank sei noch halb voll, gibt er mir mit auf den Weg. Er ist so um die 40 Jahre alt, Schlipsträger, braunes Sakko mit Jeans. Eine gepflegte, leicht schmierige Erscheinung, so wie seine vielen Kollegen in den vielen Autohäusern dieser Republik. Vielleicht hat die Automobilindustrie irgendwann heimlich mit dem Klonen von Autoverkäufern begonnen – alles ein Typ. Smart und mit allen Wassern gewaschen.

Deshalb erzähle ich ihm vor Antritt der Probefahrt lieber nicht, was ich heute vorhabe. Ich werde das Stadtgebiet nicht verlassen, kann ich ihm versichern, was ja auch stimmt. Ich wiederum verlasse mich drauf, dass die Werbeaussagen auch stimmen. Und schließlich: mit Allradantrieb auf eine Treppe und wieder zurück – das müsste doch zu schaffen sein.

Zuversichtlich fahre ich mit einem blauen, hochgesetzten Renault Scenic RX 4 vom Hof des Händlers und durchquere mit der vorgeschriebenen Höchstgeschwindigkeit die Innenstadt von Hannover. Zwei Stunden habe ich mit dem Verkäufer abgemacht.

In dem Fahrzeug sitzt man schön hoch, das erleichtert die Übersicht und die Suche nach einer passenden Treppe für den extremen Teil dieser Probefahrt. Aber wenn man mal eine Treppe sucht, dann findet man nur schwer eine. Ich will selbstverständlich keine Fußgänger gefährden und den Neuwagen, so um die 30 000 Euro wert, nicht komplett ruinieren. Sondern nur eben mal entsprechend der Werbung des Herstellers testen.

Die Treppe am Ufer der Leine kurz vor dem Landtagsgebäude in Hannover macht auf mich einen soliden Eindruck. Etwas eng vielleicht, dafür mit über 30 Stufen ausreichend lang. Sie führt von der Straße oberhalb des Ufers auf eine Promenade direkt am Fluss. Ich müsste also auf der Treppe mit dem Auto erst herunter-

und dann wieder hochfahren. Also eine echte Belastungsprobe für Fahrzeug und Fahrer.

Erster Gang rein, ganz vorsichtig taste ich mich von Stufe zu Stufe. Etwas ungewohnt zwar, diese Fahrweise, auf jeden Fall aber eine Abwechslung zum stressigen Stadtverkehr und zu öden Autobahnen. Das Malheur passiert auf der achten Stufe. Die Treppe wird immer enger, das war von oben nicht zu erkennen. Zurück geht es auch nicht, jedenfalls nicht ohne die Gefahr, das schöne neue Auto zu zerkratzen. Ich stecke fest.

Eine peinliche Angelegenheit, vielleicht hätte ich mich vorher doch bei dem Verkäufer nach geeigneten Treppen für die Allrad-Probefahrt im Stadtgebiet von Hannover erkundigen sollen. Zwischen Treppengeländer und den Türen ist der Abstand nur noch etwa zehn Zentimeter breit, ich muss aus dem Fenster klettern.

Ich rufe den Verkäufer an: Ob er mal kommen könne, bei der Probefahrt sei leider ein kleines Malheur passiert. Er will natürlich mehr wissen, wie das passiert sei, ob der Wagen beschädigt sei. Letzteres kann ich verneinen. Ich habe zwar unglücklich geparkt, Dellen und Kratzer an dem Neuwagen sind dabei aber nicht entstanden, bisher jedenfalls. Ich kann ihm gerade noch die aktuelle Adresse seines Neuwagens nennen, dann ist überraschenderweise der Akku meines Handys leer.

Neun Minuten später ist der Verkäufer da – er hat seinen Chef mitgebracht. In solchen Situationen ist es ratsam, sofort in die verbale Offensive zu gehen und peinliche Fragen erst gar nicht aufkommen zu lassen. «So ganz geländetauglich ist er denn doch nicht, wie Sie sehen», schleudere ich den beiden entgegen.

«Wie sind Sie denn auf die Idee gekommen, da runterzufahren?», will der Autohaus-Chef von mir wissen. Ein kleiner, dicker Mann, so an die 60 Jahre alt. Es ist nicht auszuschließen, dass er mit einem erhöhten Herzinfarktrisiko lebt, deshalb bleibe ich sehr sachlich, um ihn nicht weiter aufzuregen. Ich erkläre ihm den Bezug zur Werbung und dass man sich als Kunde doch darauf verlassen können müsse.

Fassungslos sieht mich der kleine, dicke Autohaus-Chef an. Sein Verkäufer ist mittlerweile durch das offene Fenster in den Renault Scenic RX 4 geklettert und setzt Stufe um Stufe zurück. Langsam, vorsichtig, er schafft es. Vor lauter Aufregung vergisst der Autohaus-Chef, nach möglichen Schäden zu sehen. «Die Probefahrt ist hiermit beendet», erklärt er mir mit einem Anflug von Feierlichkeit. «Aber wieso?», will ich wissen. «Die Zeit ist doch noch gar nicht um», gebe ich zu bedenken. Doch die beiden ignorieren mich einfach und brausen davon.

Das Ergebnis dieser Probefahrt kann mich nicht befriedigen. «Was eine Straße ist, entscheiden Sie», hatte mir Renault versprochen. Ich ziehe folgende Konsequenzen:

Eine vorzeitige Aufgabe kommt nicht in Frage, beim nächsten Versuch sollte ich allerdings die Außenmaße des Fahrzeuges stärker berücksichtigen. Und wirklich entscheiden, was für mich eine Straße ist. Es muss ja keine Treppe sein. Wie breit sind eigentlich die Fahrstühle im Parkhaus von Ikea?

Die Kunden des schwedischen Möbelhauses kennen das Problem: Wegen des großen Andrangs kann man nicht vor der Tür parken, sondern muss das erworbene Sofa und die Regale mühevoll im Einkaufswagen zum eigenen Fahrzeug bugsieren, das im ungünstigsten Fall in der hintersten Reihe im sechsten Stockwerk des angeschlossenen Parkhauses steht.

Hier mein Verbesserungsvorschlag: mit dem Auto vom Parkhaus direkt in den Fahrstuhl, runterfahren zum Einladen und schon ist die Sache erledigt.

Der Fahrstuhl bei Ikea in Stuhr bei Bremen ist zwei Meter zwanzig breit, mit einem zulässigen Transportgewicht von zwei Tonnen. Das sind ideale Voraussetzungen für eine neue Probefahrt mit dem Allrad-Wunder von Renault. Jetzt muss ich nur noch einen Dummen finden, der mir sein Auto leiht. Der Renault-Händler im nahen Oldenburg ist dazu gern bereit und unterstreicht im Vorgespräch noch einmal die zahllosen Qualitäten seines Vorführfahrzeuges. Ein legerer Typ, im Pulli und in Jeans.

Ich erkläre ihm, dass ich die Probefahrt gern nutzen würde, um auch die Transportmöglichkeiten des Neuwagens zu testen. Am besten durch einen Schnelleinkauf bei Ikea, nur etwa dreißig Kilometer entfernt. Diese Masche – die Probefahrt mit einem Möbeleinkauf zu verbinden – ist nach meinen langjährigen Erfahrungen bei Autohändlern aus nachvollziehbaren Gründen nicht gerade beliebt. Es soll Zeitgenossen geben, die für den Transport ihrer neu erworbenen Einbauküche eine Probefahrt mit VW Multivan oder Ford Transit vereinbaren, um nach dieser Fahrt vom Kauf dankend Abstand zu nehmen.

Der Oldenburger Renault-Händler bleibt gelassen. Keine Schrammen, keine Beulen, höchstens drei Stunden Zeit und vorher auf eigene Kosten tanken, so lauten seine Eckpunkte für die Vereinbarung über eine Probefahrt. Abgemacht. Den Rest wird er ja noch früh genug erfahren.

Dritter Stock im Parkhaus von Ikea in Stuhr. Soll ich es wirklich riskieren?

Die Türen des Aufzuges öffnen sich, schwer bepackt drängeln sich zwei Pärchen an meinem Probefahrzeug vorbei, das mit laufendem Motor zur Mitfahrt im Fahrstuhl bereit ist. Langsam rollen wir rein. Meine Idee erweist sich als äußerst praktisch: Vom Fahrersitz sind bequem die Knöpfe zu erreichen, den Motor stelle ich selbstverständlich aus. Ich hätte sogar noch Platz für Passagiere, die gern mal kurz sitzen möchten.

Mit dem großen Hallo im Erdgeschoss habe ich allerdings nicht gerechnet. Als sich die Türen des Fahrstuhls öffnen, schauen mich Dutzende von Augen zwischen Paketen und Tüten an. Raus kann ich so nicht, die anderen können aber auch nicht rein. Da bin ich wieder mal in eine blöde Situation geraten. Schnell entschlossen drücke ich wieder den Knopf des Fahrstuhls und ziehe mich im Probewagen in den dritten Stock zurück. Dort werde ich schon von einem Mitarbeiter des Möbelhauses erwartet.

«So haben wir uns das aber bestimmt nicht gedacht, dass die Kunden mit ihren Fahrzeugen in die Fahrstühle fahren!», schreit er mir durch das geöffnete Fenster zu.

«Darüber sollten Sie aber mal nachdenken», lautet meine Antwort. Die von mir angeführten Vorzüge der Benutzung der Fahrstühle durch die Fahrzeuge der Kunden wollen ihm irgendwie nicht einleuchten. Sehr wahrscheinlich folgt er ohnehin nur den Anweisungen aus der Führungsetage des Hauses, die diese Innovation bisher ja noch gar nicht kennt.

Langsam rolle ich rückwärts aus dem Fahrstuhl. Alles ist gut gegangen, es ist ein prima Auto. Doch da biegt der Renault-Händler um die Ecke. Irgendjemand hatte ihn alarmiert, sein Name steht auf der Befestigung für das hintere Kennzeichen und auf der Heckklappe, es war also nicht sehr schwer, ihn ausfindig zu machen. «Sie haben es voll darauf angelegt, jetzt so was zu probieren», stellt er völlig zutreffend fest. Ich wiederum bin wieder mal erstaunt, wie wenig Händler die Werbekampagnen ihrer Automarke kennen.

«Sie machen mich platt. Sie machen mich wirklich platt. Sie setzen sich jetzt rein und unternehmen nichts anderes, außer mir hinterherzufahren», raunt er mir zu.

«Was eine Straße ist, entscheiden Sie». Trotz des ganzen Ärgers wollte ich am nächsten Tag noch einmal diese Entscheidung übernehmen. Doch die nächste Probefahrt endete mit dem Einsatz eines Abschleppwagens und der stundenlangen Begutachtung des Vorführfahrzeuges auf mögliche Schäden durch meine Entscheidung, wie in der Werbung eine Treppe als Straße zu nutzen. «Das wird teuer werden, auf jeden Fall», zischte mir der nächste betroffene Autohändler zu. Doch hier sollte sich meine Umsicht in dieser prekären Situation auszahlen, Schäden am Fahrzeug konnten mir nicht nachgewiesen werden.

Vom Kauf eines Renault Scenic RX 4 habe ich dann Abstand genommen. Weil erstens der Hersteller die Bußgelder durch die Nichtbeachtung der Verkehrsvorschriften auf Dauer sowieso nicht übernehmen würde. Und weil zweitens nur das in der Werbung versprochen werden sollte, was auch einzuhalten ist.

Geht nicht, gibt's nicht

Dieser Einsatz ist offensichtlich kein Zuckerschlecken. Das Klima schwül, der Dschungel dicht und die Lage ernst. Der Stoßtrupp aus vier Soldaten in verschwitzter Tarnkleidung kommt nicht mehr voran und steckt im grünen Gestrüpp fest. Da schreit ein Soldat in sein Funkgerät: «Alpha an Pegasus: Hier geht es nicht mehr weiter. Wir brauchen mehr Equipment!» Antwort aus dem Funkgerät: «Negativ. Zu teuer. Ihr müsst so zurechtkommen.» In dem Gesicht des Soldaten breitet sich Verzweiflung aus. «Was? Das geht doch nicht», schreit er ins Walkie-Talkie.

In dieser aussichtslosen Situation tippt dem Soldaten ein Mann im Blaumann auf die Schulter, der sich als Paul Praktiker vorstellt. «Geht nicht, gibt's nicht», sagt seelenruhig der freundliche Blaumann-Träger. Er hat zufälligerweise eine rote Kettensäge in der Hand. Damit könnten sich die verzweifelten Soldaten den weiteren Weg durch den gefährlichen Dschungel freisägen. Bei dieser Gelegenheit werden auch noch eine Heckenschere und ein Rasenmäher empfohlen. «Geht nicht, gibt's nicht», ertönt die kräftige Stimme eines Mannes, während sich Paul Praktiker und die Soldaten mit der empfohlenen Kettensäge frisch ans Werk machen wollen.

Einige Gedankenfehler allerdings werden es erheblich erschweren, aus dieser schlechten Gefechtslage im Dschungel wieder rauszukommen. Die Geräte, die ihnen dieser Paul Praktiker da in die Hand geben will, funktionieren nicht. Jedenfalls nicht ohne Strom.

Die nächste Steckdose ist aber vermutlich Hunderte von Kilometern entfernt. Der Rasenmäher würde schon nach einem

Meter verrecken, und selbst die Umstellung auf Benzinbetrieb wäre sinnlos. Wer schleppt schon Treibstoff durch den Urwald.

Abgesehen davon allerdings, lässt mich dieser Spot nicht mehr los. Militäreinsatz im Baumarkt? Was sagt Firmenchef Paul Praktiker zu den offenen Fragen in seiner Werbung? Kann man die griffige Kettensäge zwischen den Verkaufsregalen gleich mal ausprobieren? Fragen, die wieder einmal durch eine gründliche Recherche vor Ort gelöst werden können.

Im Normalfall endet der Besuch eines Baumarktes mit Frust: Verwirrt rennt man durch die 27 verschiedenen Verkaufssektionen mit meterhohen Regalen, findet keinen Mitarbeiter, kauft dann, wenn man doch einen gefunden hat, das Falsche und verplempert noch weitere Zeit, weil mal wieder nur eine Kasse geöffnet hat. Ich bin mir ziemlich sicher, dass die großen Baumarktketten mindestens zu einem Drittel von den Fehleinkäufen ihrer Kunden leben. Entweder weil erst zu Hause festgestellt wird, dass es doch die falschen Schrauben sind, oder weil sich der Kunde beim Auslegen von Parkett in seinem Wohnzimmer heillos überfordert fühlt und am Ende ein bezahlter Handwerker ranmuss. Wie viel Verzweiflung verbirgt sich in schweren Einzelfällen hinter dem Einkauf einer Bohrmaschine, die zwar preisgünstig ist, aber an der Wand im Schlafzimmer sofort schlappmacht?

Deshalb meide ich seit einigen Wochen Baumärkte. Es hat da auch bei mir einen peinlichen Zwischenfall beim Heimwerken gegeben, den ich hier nicht weiter schildern möchte. Umso mehr interessieren mich positive Erlebnisse – wie beispielsweise ein echtes Abenteuer für harte Männer. Und das wäre zweifellos eins: der Besuch eines Baumarktes als spannende Militäraktion mit dem Höhenpunkt eines Aufeinandertreffens mit Paul Praktiker, dem großartigen Helfer in der Not.

Für diesen Einsatz brauche ich Verstärkung. Erstens, damit ich mich nicht allein als Depp fühle, und zweitens aus logistischen

Gründen: Mit wem soll ich mich sonst am Funkgerät unterhalten während der Durchquerung der Verkaufssektionen?

Meine Wahl fällt auf meinen alten Kumpel Wilfried. Für die Berufung in den Stoßtrupp zum Vorrücken in die Baumärkte von Praktiker sprechen folgende Gründe: Ich wüsste keinen anderen. Freund Wilfried ist seit neuestem arbeitslos und sucht den Sinn des Lebens, den er vermutlich allerdings auch in einem Baumarkt nicht finden wird. Entscheidend ist: Er war bei der Bundeswehr und ist im Besitz von Tarnkleidung und professionellen Walkie-Talkies.

An einem Freitagmorgen rücken wir also zu zweit in den ersten Baumarkt ein. Durch das Drehkreuz kommen wir ohne Schwierigkeiten, die verstörten Blicke der anderen Kunden ignorieren wir.

Trotz der Einschwärzung unserer Gesichter versagt schon auf den ersten Metern die Tarnung, wir fallen in unserer Tarnkleidung extrem auf.

«Alpha an Pegasus, ich bin durch», schreie ich in mein Funkgerät. Freund Wilfried, einen Meter hinter mir, bestätigt die Meldung, der Funkverkehr steht.

Gemeinsam rücken wir zum Infotresen vor. Die so um die 40 Jahre alte Mitarbeiterin scheint schon so einiges in ihrem Berufsleben gesehen zu haben, denn sie zeigt keinerlei Verwunderung über unseren Aufzug. «Ist der Herr Praktiker wohl zu sprechen? Paul Praktiker», lautet meine Frage, die zu meiner Überraschung von ihr so beantwortet wird: «Entschuldigung, aber den kenne ich nicht.»

«Der hat einen Blaumann an», versuche ich ihr auf die Sprünge zu helfen.

Sie bleibt dabei: «Den haben hier viele an, aber der arbeitet nicht bei uns. Nicht in dieser Filiale.»

Nun gut, wir werden auch ohne seine Hilfe diesen militärischen Einsatz bewältigen. «Ich bin zu den Kettensägen durchgebrochen», meldet sich zwei Regale weiter Pegasus alias Wilfried. Endlich eine gute Nachricht, ich stoße nach. Die elektrische Kettensäge zum Billigpreis liegt verdammt gut in der Hand. Aber was taugt die? Schafft sie auch Bäume oder mindestens armdickes Gestrüpp?

Das Sortiment lässt wirklich keine Wünsche offen, schnell finde ich eine 50-Meter-Kabeltrommel und eine Steckdose. Wenn diese Kettensäge in die falschen Hände gerät, kann sie schnell zu einer gefährlichen Waffe werden.

Mit der angeschlossenen Kettensäge in der Hand und übrigens immer noch in Tarnkleidung bitte ich einen jungen Mitarbeiter im blauen Kittel um Hilfe:

«Wie kann ich denn jetzt diese Kettensäge entsichern?»

Er zeigt mir bereitwillig, wie ich die Kettensäge scharf machen kann, das angeschlossene Kabel hat er noch nicht bemerkt. Das ändert sich schlagartig, als ich die Kettensäge anwerfe. Er springt zwei Meter zurück. Ich kenne solche Situationen, da überschlagen sich regelmäßig die Gedanken meiner Gesprächspartner: Ist der verrückt geworden? Hat der sie nicht alle? Verdammt, warum bin ich heute Morgen bloß aufgestanden? Wie komme ich da raus?

Im Gegensatz zu diesem Jungspund bewahre ich auch mit laufender Kettensäge die Ruhe. «Geht das, dass ich hier mal durchsäge?», frage ich betont freundlich.

«Normalerweise nicht. Wir machen keinen Zuschnitt», lautet seine Antwort aus immer noch zwei Meter Sicherheitsabstand. Ich beharre auf der Erfüllung des Werbeversprechens, hier und jetzt: «Geht nicht, gibt's nicht.» Er verweist mich mit letzter Kraft an zwei Kolleginnen aus der Holzabteilung, die in unser gemeinsames Blickfeld geraten. Ich stöpsle die Kettensäge wieder aus und pirsche mich an die beiden Mitarbeiterinnen heran.

«Er möchte hier was durchschneiden!», ruft die eine der anderen zu. Das ist mir trotz Tarnkleidung jetzt etwas peinlich, sie klingt wie die Kassiererin aus der Anti-Aids-Werbekampagne: «Was kosten die Kondome?»

Aber da muss ich jetzt durch. «Zum Durchschneiden haben wir nichts», antwortet ihre Kollegin. Ich bin enttäuscht. Eine Dschungel-Freifläche für die aktiven Fans von Paul Praktiker hatte ich zwar nicht erwartet, aber auch keine Bäume, keine Sträucher, kein Holz für den sägebereiten Kunden? «Es gibt hier nichts zum Durchschneiden», bekräftigt das Verkaufspersonal.

Das sehe ich anders und werde in meiner Meinung durch einen neuen Funkspruch meines Kumpels Wilfried bestätigt. «Pegasus an Alpha: Ergebnis ist positiv, rücke nach in die Abteilung Hobby und Basteln. Ich halte so lange die Stellung, roger!» Die beiden Verkäuferinnen haben mitgehört und sehen so aus, als wäre vor ihren Augen gerade das Regal mit Schrauben und Muttern umgestürzt.

Eine neue Steckdose ist schnell gefunden, die Kabeltrommel ausgerollt, und schon kann ich für den Dschungeleinsatz üben. Die Kettensäge besteht ihren ersten Einsatz, der Stamm der Palme in der Abteilung Hobby und Basteln schneidet sich wie Butter.

Die Kettensäge, wahrscheinlich von Paul Praktiker persönlich ins Sortiment genommen, ist nicht nur preiswert, sondern auch durchaus zu empfehlen.

Etwa laut allerdings, die ersten Schreie einer entsetzten Verkäuferin gehen im Lärm unter. Ich komme gar nicht dazu, mich lobend über dieses Produkt zu äußern. «Was soll das denn?», schreit mich die Verkäuferin an, obwohl ich die Kettensäge längst ausgeschaltet habe. Auf meinen Hinweis auf die notwendigen Überprüfung auf Dschungel-Tauglichkeit der Kettensäge vor dem endgültigen Erwerb geht sie leider gar nicht ein: «Sie können doch hier nicht die Pflanzen kaputt schneiden. Ich glaube es ja nicht! Die bezahlen Sie, das ist völlig klar.»

Ich lasse kurzzeitig noch einmal die Kettensäge aufheulen, verweise auf die Möglichkeit, ein derartiges Produkt vor dem Kauf testen zu können – alles vergeblich. Ohne Kettensäge, aber mit abgesägter Palme werde ich von ihr und zwei herbeigerufenen Kollegen zur Kasse eskortiert. Die Palme kostet mich an die vierzig Euro. Der gleiche Preis wie für ein unbeschädigtes Exemplar. Ich verzichte in diesem Fall auf ein juristisches Nachspiel und wechsle mit Mitdschungelkämpfer Wilfried den Baumarkt. Auf in die nächste Filiale.

Dieses Mal verlegen Wilfried und ich die Kampfhandlung direkt auf die Freifläche des Baumarktes. Wir bleiben zwar in der Tarnkleidung, verzichten aber auf weitere verräterische Funksprüche. Zwischen Zementsäcken und Pflastersteinen fallen mir ausgesprochen hässliche Zaunelemente aus Holz in die Hände, um die es wirklich nicht schade ist.

Der Rest ist Routine: Kettensäge und Kabeltrommel aussuchen, anschließen, und schon wird die Erprobung fortgesetzt. Mittendrin beim Sägen tippt mir plötzlich jemand auf die Schulter. Paul Praktiker? Arbeitet er in dieser Filiale und wirft mir jetzt ein aufmunterndes «Geht nicht, gibt's nicht» zu?

Langsam drehe ich mich um, die Kettensäge läuft noch.

Vor mir steht zwar auch ein Blaumann-Träger, doch leider wieder nicht Paul Praktiker, sondern ein langhaariger Typ, der sich als Mitarbeiter des Baumarktes zu erkennen gibt. «Was machen Sie denn da?», will er erstaunlicherweise von mir wissen. Meine Antwort entspricht der Wahrheit: «Sägen.» Der Nächste, der sich aufregt: «Aber Sie können doch hier nicht einfach die Teile kaputt schneiden. Das können Sie doch gar nicht.» Mein Hinweis, dass ich das durchaus kann und es mit dem Produkt des Hauses auch hervorragend funktioniert, bringt uns leider nicht weiter. Plötzlich versagt die Kettensäge ihren Dienst, die Stromversorgung ist gekappt. Zwei weitere Mitarbeiter des Baumarktes sind erschienen, einer von ihnen hat den Stecker aus der Kabeltrommel gezogen. «So, jetzt sägen wir nicht mehr», sagt der ältere von beiden, den ich als Marktleiter einstufe, zu mir. In diesem Tonfall, in dem man sonst seinen Kindern erklärt, dass zum Spielen keine Zeit mehr ist und die Spielzeuge noch weggeräumt werden müssen. «Jetzt gucken wir mal ganz schnell, dass Sie vorne rausgehen», sagt er und meint wohl damit Wilfried und mich.

Genau der richtige Zeitpunkt für eine Beschwerde: «Leider haben Sie hier keine harten Hölzer. Das wäre natürlich viel besser gewesen.» Darauf geht der Marktleiter zu meiner Enttäuschung überhaupt nicht ein: «Raus jetzt. Sonst rufe ich die Polizei, und dann werden Sie abgeführt.» Nach den ersten gemeinsamen Metern in Richtung Ausgang fällt mir auf, dass der Filialchef eine blaue Plakette trägt. Aufschrift: «Geht nicht, gibt's nicht». Ich spreche ihn darauf an, aber aus unerklärlichen Gründen ist er immer noch sauer auf mich: «Das heißt noch lange nicht, dass Sie hier alles machen können. Und jetzt Tempo.»

Paul Praktiker habe ich bis heute noch nicht getroffen. Schade, ich hätte ihm viel zu erzählen. Zum Beispiel, dass er durchaus recht hat: Derartige Einsätze sind wirklich kein Zuckerschlecken, und die Lage wird tatsächlich schnell ernst. Wie es im Dschungel ist, weiß ich nicht. Aber in seinem Baumarkt leistet die Kettensäge in der Tat ganze Arbeit.

Werbedeutsch

H

Hammerpreise

Häufig schlägt in der Werbung der Preishammer zu. Er macht den Weg frei zu den Hammerpreisen, die sich vorwiegend in Prospekten tummeln. Hammerpreis – das bedeutet Super-Sonder-Schnäppchen-Preis. Warum eigentlich?

Bei einer Auktion erteilt der Auktionator mit dem Hammerschlag dem höchsten Angebot den Zuschlag, aber doch nicht dem niedrigsten. Warum also sollen Hammerpreise günstig sein? Ein grandioses Missverständnis, das bis heute anhält.

Health claim

Kann ein Joghurt die Abwehrkräfte stärken? Welche denn überhaupt? Kann eine Schokolade für Kinder beim Wachstum helfen? Hilft das Trinken von Mineralwasser gegen einen zu hohen Blutzuckerspiegel?

Beispiele, die für einen neuen Trend in der Werbung stehen: kein Blabla, sondern konkrete medizinische Heilsversprechen. Margarine soll den Cholesterinspiegel senken, die Omega-3-Fettsäuren, von denen plötzlich immer die Rede ist, sollen sogar die Entwicklung von Augen und Gehirn fördern. Dummes Zeug? Obskurer Unsinn?

Wer kann schon selbst beurteilen, ob solche Werbebotschaften völlig haltlos sind oder nicht doch der medizinischen Wahrheit entsprechen.

Es geht dabei um immer mehr Geld: «Functional Food»,

also Nahrung mit einer gezielten Funktion, sorgte schon 2006 in Deutschland für einen Umsatz von rund fünf Milliarden Euro. Experten rechnen mit einem jährlichen Wachstum von zwanzig Prozent. Aber was versprochen wird, soll man in diesem Fall auch halten können, beschloss das Europäische Parlament und erließ vor vier Jahren die «Health-Claim-Verordnung». Nur Lebensmittel, deren Vorteile für die Gesundheit nachweisbar sind, dürfen damit auch beworben werden. Für die Prüfung der Nachweise ist die Europäische Behörde für die Lebensmittelsicherheit zuständig. Allein die Zahl der dort bisher eingereichten Anträge, mit Aussagen zur Gesundheit werben zu dürfen, zeigt, um welch ein Milliardengeschäft es sich dabei handelt: 40 000.

Die komplette Überprüfung der medizinischen Heilsversprechen mit der entsprechenden Flut von Gutachten wird nun zwar Jahre dauern, es gab jedoch auch schon erste Entscheidungen der neuen Behörde: Als wissenschaftlich nicht bewiesen gilt zum Beispiel die Werbebotschaft von Ferrero, dass ihre Kinderschokolade beim Wachsen hilft. Auch die Werbung von Lipton-Tee, ihre schwarze Teesorte unterstütze die Konzentrationsfähigkeit, fand keine Gnade. Dass ein Milchprodukt die «arterielle Steifheit bei Bluthochdruck vermindert», fand die Behörde nach Einsicht in die Gutachten genauso wenig nachvollziehbar wie die Werbung aus Portugal, nach der eine bestimmte Mineralwassersorte einen hohen Blutzuckerspiegel verhindert.

Ein Nahrungsergänzungsmittel mit Omega-3-Fettsäuren kann erstaunlicherweise doch nicht nachweisbar die «Entwicklung von Augen und Gehirn fördern und erhöhen». Bei der Behauptung eines anderen Herstellers, sein Produkt «reguliert die Körperzusammensetzung von Menschen mit leichtem bis mäßigem Übergewicht», konnte die Behörde keine «Wirkungsbeziehung» feststellen. Höfliche Umschreibung für: Es gibt keinen Beweis, dass es funktioniert.

Und was ist nun mit den Abwehrkräften, die der Joghurt-Drink Actimel von Danone laut Werbung aktiviert? Der Hersteller zog den Antrag auf Überprüfung wieder zurück. Inzwischen liegt ein neuer Antrag vor:

«Fermentierte Milch, die das probiotische Lactobacillus casei DN 114 001 / CNCM I-1518 Actimel enthält, unterstützt das Abwehrsystem im Darm». Aha.

Bereits erlaubt wurde die Werbeaussage von Danone, ihr Hüttenkäse trage zum gesunden Knochenwachstum bei. Gesunde Knochen durch Hüttenkäse – das überrascht, gilt jetzt jedoch als wissenschaftlich bewiesen.

Letztendlich kommt es eben immer auf die selbst gestellte Fragestellung im Gutachten an.

J

Joghurt, mild

Wenn es neben dem normalen Joghurt einen milden Joghurt gibt und damit offenbar eine wichtige Marktlücke geschlossen wird, warum hat dann bisher kein Hersteller auch einen strengen Joghurt auf den Markt gebracht? Mit einem strengen Geruch beispielsweise oder zumindest mit einem besonders strengen Gesicht auf der Verpackung.

Die Herstellung an sich dürfte kein Problem sein. Beim milden Joghurt wird nach Herstellerangaben der Lactobacillus bulgarius durch andere Lactobazillen ersetzt und so der mildere Geschmack erzielt. Es wäre sicherlich ein Klacks, die Kulturen noch einmal zu ändern, um ein gewisses Maß an Strenge zu erreichen.

Das Angebot sollte in dieser Hinsicht noch einmal überprüft werden, selbstverständlich mit der notwendigen Sorgfalt und Strenge.

I

Indonesisch scharfe Glasnudelsuppe

Der kluge Leser dieses Buches ahnt es schon: Die Suppe mag scharf sein, sie kann gut schmecken, aber kommt sie wirklich aus Indonesien? Es handelt sich auch hier nicht um einen geschützten Begriff. Die Beispielsuppe kommt nicht aus Jakarta, sondern aus Barterode in Niedersachsen.

K

Kalbsleberwurst

Eine komplizierte Wurst. Fest steht: Auch diese Wurst hat zwei Enden. Der Name führt jedoch in die Irre: In einer Kalbsleberwurst ist keine Kalbsleber enthalten, da die relativ bitter schmeckt. Nach den «Leitsätzen für Fleisch- und Fleischerzeugnisse» muss zwar Kalbsfleisch in einer Kalbsleberwurst sein, aber keineswegs die Leber vom Kalb. Leber muss zwar auch enthalten sein, kommt allerdings vom Schwein.

Kartoffelchips

Wer hat schuld daran, dass sich Generationen von Fernsehzuschauern mit Tonnen an Kartoffelchips vollstopfen, geplagt von einem schlechten Gewissen wegen der Folgen für Körpergewicht und Gesundheit? Vermutlich ein amerikanischer Millionär, der nur an sich dachte.

Im Jahre 1853 soll sich Cornelius Vanderbilt beim Koch des Hotels «Moon Lake Lodge» in Saratoga Springs mehrfach über zu dicke Bratkartoffeln beschwert haben.

Die Bratkartoffeln in dem Restaurant wurden daraufhin immer dünner und schließlich als «Saratoga Chips» in die Speisekarte aufgenommen. Der nächste Meilenstein war 70 Jahre später die Erfindung einer Kartoffelschälmaschine. Die Chips wurden damals nicht gewürzt.

Der Inhaber eines kleinen irischen Familienbetriebes hatte 1940 die Idee, diese Maschine mit der Bemengung von Gewürzen und Geschmacksstoffen zu verbinden. So entstanden «Cheese and Onion» (Käse und Zwiebel) sowie «Salt 'n' Vinegar» (Salz und Essig). Das Salz gab es als Päckchen zu den Chips. Der findige Ire wurde einer der reichsten Männer Irlands, denn US-Firmen kauften ihm die Rechte ab. Und das Unheil mit den Kartoffelchips vor der Glotze nahm seinen Lauf.

Komfagil schnoppen

Wie verkauft sich ein Auto, wenn der potenzielle Kunde in der Werbung für dieses Auto nur Bahnhof versteht? Antwort: Überraschend gut.

Bei der Einführung des Nissan Micra Anfang 2003 fanden es die Werber urkomisch, für die Werbekampagne eigene Wortbegriffe zu erfinden. «Schnoppen» für bremsen – weil die Bremsen eben so gut sind, dass der kugelige Kleinwagen schnell zu stoppen ist. Aus praktisch und innovativ machten sie «praktovativ».

Das Auto sei komfortabel und agil – also «komfagil». Simpel und intelligent wurden zu «simpelligent».

Unbekannt ist, wie viele Autokäufer das verstanden und die

Wortkonstruktionen nachvollziehen konnten. Bekannt ist, dass Nissan pro Jahr 160 000 Micra-Modelle verkaufen wollte. Tatsächliche Bilanz: noch 20 000 Fahrzeuge mehr als erhofft – in dem Jahr das bestverkaufte Nissan-Modell.

Volltrunken in der Apotheke

Wenn das keine gute Nachricht ist. «Das erste Wellness-Getränk auf Bierbasis der Welt, das exklusiv in Apotheken vertrieben wird, entwickelt sich immer mehr zu einem Volltreffer. Jetzt ist der erste Schritt hin zur nationalen Vermarktung von Karla im Saarland und in Rheinland-Pfalz erfolgreich angelaufen ... Über achthundert Apotheken haben bereits Interesse gezeigt. In hundert davon geht Karla bereits über den Tresen. Und täglich werden es mehr Apotheken, die Karla anbieten möchten», erklärt Andreas Kaufmann, strategischer Projektmanager bei der Karlsberg Brauerei.

Moment mal: Bier in der Apotheke? Der Apotheker als Kneipenwirt? Bleibt denn nichts, wie es mal war? Erst bittere Pillen, jetzt ein herbes Pils? Was haben sich die Weißkittel dabei gedacht? Meine Recherchen in diesem Fall ergeben folgendes Bild:

Auf der Suche nach neuen Absatzwegen ist die Karlsberg Brauerei aus Homburg auf die gut 21 500 Apotheken in Deutschland gestoßen, deren Besitzer auch sehen müssen, wie sie über die Runden kommen. So entstand Karla, es besteht nach den Angaben der Brauerei aus 70 Prozent Bier mit einem Prozent Alkohol, Folsäure, Vitaminen und Lecithin. Es gibt zwei Sorten, abgefüllt in roten und in blauen Flaschen: «Karla well-be» soll mit Sojaextrakten das tägliche Wohlbefinden steigern, «Karla balance» soll Ruhe und Entspannung durch Hopfen- und Melissenextrakte fördern.

Dieses Bier hilft also der Gesundheit, sagt der Hersteller. Der erste Probelauf wird in 80 Apotheken im Saarland gemacht. Bisher konnte ich mir eine Apotheke als Stammkneipe nie vorstellen. Ich wäre ehrlich gesagt gar nicht auf die Idee gekommen, dort auf gesundheitlicher Basis nachhaltig zu zechen. Bei näherer Betrachtung spricht jedoch auch einiges für die Apotheke als Schankwirtschaft: Es gibt einen Nachtdienst, der Nachschub ist folglich zu jeder Uhrzeit garantiert. Falls es doch zu einem Rausch kommen sollte (der erwiesenermaßen auch bei einem Alkoholgehalt von einem Prozent theoretisch möglich ist), ist man hier gleich richtig: Tabletten gegen Kopfschmerzen könnten am Tresen gleich mitbestellt werden. Ich nehme mir fest vor, bei meinem nächsten Besuch im Saarland umgehend eine Apotheke aufzusuchen.

Die Gelegenheit kommt schneller als gedacht. Klaus-Dieter, Studienfreund aus besseren Tagen, lädt mich zu seiner Geburtstagsfeier ein, und die findet dort statt, wo er mittlerweile lebt: in Saarbrücken. Am Telefon kann ich Klaus-Dieter davon überzeugen, mit seinem üblichen feierlichen Geburtstagsbesäufnis schon am Nachmittag zu beginnen – und zwar in der nächsten Apotheke. Dort warte auf ihn, den Gewohnheitstrinker, eine Riesenüberraschung, so mein verbaler Lockversuch.

Er sagt zu, drei andere Freunde von ihm kommen auch noch mit. Mit dem Geburtstagskind an der Spitze stürmen wir die nächste Apotheke, nur eine Straßenkreuzung von Klaus-Dieters Wohnung entfernt. «Einen schönen guten Tag. Wir wollen dieses neue Gesundheitsbier probieren», wenden wir uns an den grauhaarigen Apotheker. Er kennt die Sorten und schlägt ohne weitere Nachfragen die mildere vor, offenbar, um die Truppe durch diese Mischung etwas zu beruhigen. Er schenkt in fünf Probierbechern aus – für alle Biertrinker eine ganz harte Umstellung. Und überhaupt! Etwas gemütlicher hätte er seinen Tresen schon gestalten können, wer will beim Zechen Hustenbonbons lutschen und über Fußpflegemittel sinnieren? Aber das Zeug aus der blauen o,33-Liter-Pulle schmeckt überraschenderweise gut und lecker. Wir bestellen die zweite und dritte Runde, trinken jeweils auf ex und werden immer fröhlicher, trotz des denkbar geringen Anteils an Alkohol. Wir sind eindeutig die brandneuen Trendsetter der Partyszene – Zechen in der Apotheke. Doch leider verweigert uns der Apotheker, der mittlerweile einen leidgeprüften Eindruck macht, die Ausgabe von weiteren Getränken. «Wir würden noch eine Runde nehmen, jetzt von der roten Sorte!», rufe ich ihm fröhlich zu, doch der Apotheker schüttelt mit dem Kopf. «Nicht mehr, nein. Es ist jetzt in Ordnung so.»

Und weiter im Ton eines Oberlehrers: «Ich muss Sie darauf aufmerksam machen, dass das so nicht gedacht ist.»

Drei Apotheken später muss ich dieses Zwischenfazit ziehen: Es gibt tatsächlich Bier in Apotheken. Aber es darf dort nicht getrunken werden. Ich bin auf den Geschmack gekommen. Nach der Geburtstagsfeier von Klaus-Dieter, der zusammen mit anderen Gästen vom Gesundheitsbier nichts mehr wissen will, kehrt bei mir der Durst nach Karla zurück. Gut, dass es den Apotheken-Notdienst gibt.

Es ist kurz nach zehn Uhr abends, als ich zum ersten Mal an der Nachtglocke klingele. In der Saarbrücker Apotheke brennt nur die Notbeleuchtung, als der Apotheker heranschlurft. Müde sieht er aus, hat der gute Mann etwa schon geschlafen? Er schließt die Tür auf, ich darf rein.

«Ich hätte von dem neuen Gesundheitsbier gerne drei Flaschen», so meine Bestellung.

«Welche Sorte denn?»

«Die mit den blauen Flaschen, dieses Balance-Bier. Es ist ja schon spät, danach werde ich sicherlich ruhiger werden.»

Apotheker: «Das ist ja ein echter Fall für den Notdienst, ja?»

Ich bejahe und bezahle 7,98 Euro für die drei Flaschen. «Auf Wiedersehen.» Er weiß noch nicht, dass ich es damit ernst meine. 22.37 Uhr: Schon wieder Durst. Dieses Gesundheitsbier ist aber auch wirklich lecker.

Ich klingle wieder an derselben Notglocke. Warum hat der Apotheker denn auch ausgerechnet für diese Nacht den Notdienst und das Gesundheitsbier in sein Sortiment übernommen?

«'n Abend. Ich wollte noch einmal Nachschub holen. Nochmal drei nehme ich mit.»

Der Apotheker sieht sehr müde aus, seine Kraft reicht offenbar um diese Uhrzeit nicht aus, um sich komplett aufzuregen. «Ja, dann aber ist Schluss für heute Nacht, ja. Ich bin Apotheker, und so was bieten wir eigentlich nur tagsüber an. Als Wirt begreife ich mich nicht ganz», antwortet er matt. Und rückt noch einmal drei Flaschen Gesundheitsbier raus.

Drei Uhr morgens. Die Flaschen sind leer. Leider bleibt bislang die angepriesene beruhigende Wirkung aus, und außerdem stellt sich die Frage, ob ich auf die jeweils 15 Cent Flaschenpfand wirklich verzichten will. Morgen, vielmehr heute, werde ich Saarbrücken verlassen und damit auch das Verbreitungsgebiet für das neue Gesundheitsbier. Also nochmal hin zum Apotheken-Notdienst. «Ich hoffe, ich störe Sie nicht», begrüße ich den schlaftrunkenen Apotheker, «aber ich habe bislang doch noch nicht die notwendige Ruhe gefunden.» Wort- und klaglos zahlt er mir das Flaschenpfand aus, 45 Cent.

«Gute Nacht! Ich hoffe, Sie sind auch ...»

«Ja, ich bin auch müde!», entgegnet mit kraftloser Stimme der Apotheker. Zu früher Stunde denkt er inzwischen offenbar über die Bestückung seines Sortiments nach: «Ich habe mir gerade gedacht, es hat auch seine Nachteile, dann im Notdienst die Flaschen zu liefern.»

Bier aus der Apotheke – zu Risiken und Nebenwirkungen fragen Sie Ihren Apotheker.

All you can eat

Das Angebot klingt verlockend, wenn man denn Fisch mag. Bei Nordsee gibt es ab 15 Uhr «Grillfisch satt» für 5,95 Euro. Das sollte sich der hungrige Kunden ruhig mal auf der Zunge zergehen lassen: Einmal zahlen und dann so viel essen, wie man will und kann. Willkommen im Schlaraffenland. Eines der vielen «All you can eat»-Angebote, die seit einigen Jahren in Mode gekommen sind und bei mir zu folgender Fragestellung geführt haben: Was passiert, wenn einer wie ich eines schönen Tages dieses kulinarische Angebot schamlos ausnutzt und bis zum Erbrechen futtert, obwohl er nur einmal gezahlt hat? Zieht der Wirt nicht doch nach der 17. Portion die Notbremse, weil für die anderen hungrigen Sparfüchse nichts mehr übrig bleibt oder er nach dem großen Fressen vor dem finanziellen Ruin steht? Gibt es für das Personal geheime Anweisungen, wie sie nach der dritten Portion dem verfressenen Gast das Maul stopfen können? Oder gibt es wirklich Nachschlag ohne Ende, weil genau das so selten vorkommt und deshalb von der Gastronomie locker zu verkraften ist?

In mir reift folgender Entschluss: Beim nächsten großer Hunger werde ich mich opfern. Ohne Vorbereitung geht es allerdings auch hier nicht:

Vier Tage vor dem großen Fressen reduziere ich radikal meine Nahrungszufuhr. Morgens ein halbes Marmeladenbrötchen, mittags Zwieback, abends ein Steak, dazu zwei Flaschen Wasser täglich. Keine Ahnung, ob das gesund ist, als Diät also keinesfalls zu empfehlen. Es ist jedenfalls nur ein Bruchteil dessen, was ich sonst auffuttere. Als ich am fünften Tag, es ist ein Mittwoch, um

Punkt 15 Uhr die Oldenburger Filiale der Nordsee-Kette betrete, habe ich jedenfalls mächtig Kohldampf, und beim Anblick von Grillfisch satt mit Kartoffelsalat mit Speck läuft mir das Wasser im Mund zusammen, und das ist wie immer keine Übertreibung.

Beim Bezahlen erhalte ich vom Verkaufspersonal letzte Anweisungen, um erfolgreich beim «All you can eat»-Versorgungsprogramm mitmachen zu können. «Und dann kann ich so oft kommen, wie ich will?», vergewissere ich mich bei der Kassiererin.

«Wichtig ist, ich gebe Ihnen den Bon, denn den Bon wollen wir jedes Mal sehen. Immer nur zeigen, und dann gibt es Nachschlag.»

Vorsichtshalber lasse ich den Bon gleich auf meinem Tablett liegen, denn wir werden uns nun häufiger sehen. Die erste Portion fällt in vier Minuten meinem Heißhunger zum Opfer, bis zur vierten Portion spielt sich das Vorzeigen des Bons und die Herausgabe des Grillfisches wortlos ab. Dann verspüre ich erstmals Anerkennung durch die Kassiererin, die auch bedient. «Sie haben aber einen gesunden Appetit.»

Noch weiß sie nicht, dass sich meine Magenwände megamäßig ausdehnen können und Platz schaffen für die gesamte Grillfisch-Ladung eines Fischkutters. Das war jetzt doch etwas übertrieben, denn nach der siebten Portion Grillfisch mit immer dem gleichen speckigen Kartoffelsalat bin ich pappsatt und verspüre das dringende Bedürfnis, mich ganz vorsichtig bewegen zu müssen. Vor der achten Portion wäre es Zeit für einen Spaziergang. Ich verlasse mühsam meinen Stammecktisch, ziehe ganz langsam meine Jacke an und bewege mich in der gleichen Geschwindigkeit in Richtung Kasse. Vorsichtshalber frage ich nach: «Der Bon behält doch für heute seine Gültigkeit?»

«Der gilt nur für heute», versucht die Kassiererin mich zu bremsen. Sie hat mittlerweile begriffen, dass sie es mit einem ausgewachsenen Fisch-fress-Monster zu tun hat, das ihr möglicherweise auch noch die streng nach Fisch riechenden Haare vom Kopf frisst.

«Aber ich kann gleich nochmal wiederkommen», kündige ich meine baldige Rückkehr an. Überraschende Antwort: «Nein! Wenn Sie den Raum verlassen, nicht mehr!»

«Nicht mehr?», frage ich entgeistert nach.

«Nein, nur solange Sie hier im Laden verzehren können, gilt der Bon», weist sie mich zurecht.

«Also, ich kann nicht rausgehen und später weiteressen», folgere ich messerscharf.

«Nein, Sie können nicht rausgehen und nach einer Stunde weiteressen.»

Auch mein Hinweis, dass das Angebot laut Plakat für die Zeit von 15 bis 18 Uhr gelte und ich mit Sicherheit lange vor 18 Uhr das Restaurant wieder betreten werde, kann die Kassiererin nicht von ihrer Auslegung der Regeln abhalten.

Pausenlos essen ja, aber keinen Schritt zwischendurch vor die Tür machen. Unter diesen Umständen entschließe ich mich, einfach zu bleiben und aus purer Rache weiterzuessen.

«Gut, dann bleibe ich noch hier», teile ich der Kassiererin mit.

«Möchten Sie noch einmal?»

Mit letzter Kraft, wenige Sekunden vor einem brachialen Brechanfall, schaffe ich diese achte Portion. Grillfisch satt – nie wieder. Zum anderen: Die Einmalzahlung von 5,95 Euro für acht Portionen ergibt einen Preis pro Portion von 74 Cent. Da freut sich der Sparfuchs, auch wenn ihm schlecht ist.

Beim nächsten Mal bin ich schlauer. Der gezielte Einsatz von Tupperware schont nachhaltig den Magen des Testers und hebt den Rekord an Bestellungen in eine neue Dimension. Der Rekord fällt drei Wochen später bei einem Aufenthalt in Erfurt. Auf der Speisekarte eines mexikanischen Restaurants im tiefsten Thüringen stoße ich auf dieses Angebot: Spareribs satt für 12,80 Euro.

«Sie können so viel essen, wie Sie möchten», versichert die ahnungslose Serviererin. «Auch fünf oder sechs Mal!»

Bein Abfüllen in die drei mitgebrachten Tupperdosen darf ich mich allerdings nicht erwischen lassen. Denn zum Mitnehmen sind die Angebote natürlich nicht gedacht, eine Runde aus fünf Personen mit jeweils drei Tupperdosen würde beispielsweise sonst jedes Restaurant täglich ruinieren. Und dann würde es solche Angebote eines Tages nicht mehr geben. Vor der zehnten Portion Rippchen richtet mir die Kellnerin einen Gruß aus der Küche aus: «Also, Sie kriegen jetzt alle Rippchen, die wir haben.» Ich frage nach:

«Alle Rippchen, die Sie haben? Und dann? Wenn die auch alle sind?»

Die Kellnerin beruhigt mich: «Dann kriegen sie wieder neue.» Wie lange der Rippchen-Proviant des mexikanischen Restaurant mit deutscher Bedienung und mutmaßlich libanesischem Koch noch reichen wird, lässt sie offen.

Portion zehn und Portion elf serviert sie auf einmal. Gleich zwei Teller – wollen sie jetzt den Gast fertigmachen? Aus Trotz bestelle ich die dreizehnte Portion Rippchen.

Mittlerweile sind sowohl die drei mitgebrachten Tupperdosen als auch mein Magen bis zum Bersten gefüllt, und ich muss den Versuch leider nach dieser dreizehnten Portion abbrechen. Wahrscheinlich könnte man hier tatsächlich bis zum Morgengrauen Spareribs spachteln. Das Erfurter Restaurant hält, was die Speisekarte verspricht.

All you can eat – bei weiteren Versuchen gelingt es mir übrigens, das ohnehin günstige Angebot nochmals zu reduzieren. Bei Pizza Hut bringe ich sechs Freunde mit, bestelle jedoch nur einmal. Da es Nachschlag ohne Ende gibt, wird jeder am Tisch satt, obwohl ich nur einmal 4,99 Euro gezahlt habe. Zwar meckert die Geschäftsführerin, doch gegen diesen raffinierten Trick eines hungrigen Verbrauchers und seiner ebenfalls hungrigen Freunde gibt es keine Handhabe.

Nur einmal gelingt es mir tatsächlich, unter der aktiven Mithilfe von sechs Mitessern mit jeweils drei Tupperdosen ein Frühstücksbuffet komplett leer zu räumen. Inklusive der tatsächlichen Nahrungszufuhr wurde dabei ein Wert von zwölf Portionen pro Gast erreicht. Sieben Leute mal zwölf – das ergab 84 prall gefüllte Teller vom Frühstücksbuffet. Danach musste der geprüfte Besitzer des Frühstückslokals aufgeben. Sein Büffet war leer, und seine Vorräte waren weg. Ich habe es in diesem Fall bei einer Ermahnung belassen.

Nur 800 Meter

Verbraucher, bleibt vorsichtig: Schon an der nächsten Straßenkreuzung besteht die Gefahr, mal wieder übers Ohr gehauen zu werden. Noch 250 Meter bis zum Getränkemarkt – stimmt das überhaupt? Ist die nächste Filiale von McDonald's wirklich nur drei Minuten entfernt? 700 Meter bis zum Baumarkt – haben die das wirklich vorher exakt ausgemessen? Oder handelt es sich um eine gezielte Untertreibung, um den Kunden anzulocken? Wird da etwa geschummelt?

Vorab notiert: Nach mittlerweile sieben Jahren Tätigkeit als kritischer Verbraucher muss ich ein ernüchterndes Fazit ziehen. Wer ständig Werbung beim Wort nimmt, gefährdet akut seine körperliche Gesundheit. Denn unter den vielen Probefahrten, Testessen und -trinken leidet eindeutig die Fortbewegung mit dem eigenen Körper. Nicht nur der Stress nimmt zu, ich tue es auch. Also mehr laufen, Fahrrad fahren oder – messen. Ich kaufe mir für 32 Euro ein Messrad. Ein kleines Stahlgestell mit einem kleinen Reifen und einem Tachometer. Bequem beim Gehen in einer Hand zu halten und dabei äußerst nützlich. Denn jetzt kann mich keiner mehr mit getürkten Entfernungszahlen hereinlegen. An einem Freitagmorgen um neun Uhr lege ich los.

«Obi 800 Meter» steht auf dem Schild oben am Laternenpfahl an der Straßenkreuzung im Kölner Stadtteil Niehl. Das Anbringen der Schilder müssen sich die Unternehmen von der Stadtverwaltung genehmigen lassen und dafür bezahlen. Für den Inhalt sind indes allein die Unternehmen verantwortlich, die Angaben werden nicht überprüft. Das lädt zum Schummeln ein.

Nach exakt 800 Metern stehe ich mit meinem Messrad jedenfalls nicht vor dem Baumarkt, sondern vor einem fünfstöckigen Wohnhaus. Unwahrscheinlich, dass sich hier Obi im Keller eingenistet hat. Ein Fenster im Erdgeschoss steht offen, ich klopfe auf die Fensterbank. Eine ältere, weißhaarige Frau erscheint. Ob sie wisse, wo denn nun der Baumarkt liege, will ich von ihr wissen. «Da ganz hinten, noch hinter der Brücke», erklärt sie mir. Ich ziehe und messe weiter, nach 127 neuen Metern gibt es einen Hinweis: «Obi – 500 Meter geradeaus».

Die neue Entfernungsangabe überrascht, denn dadurch wird die Strecke ja immer länger. 927 Meter habe ich schon zurückgelegt, jetzt noch einmal 500 Meter. Dabei sollte der Baumarkt ursprünglich nur 800 Meter insgesamt entfernt sein. Auf der Suche nach dem Baumarkt gerate ich sogar in den nächsten Stadtteil. Am Ende habe ich laut Messrad 1800 Meter hinter mir, bis ich den Baumarkt endlich erreiche.

Da ist eine sofortige Beschwerde fällig. «Das ist ein Unterschied von immerhin 1000 Metern», rechne ich ein wenig atemlos dem Marktleiter vor. «Ein Fehler unsererseits», gibt der sofort zu. «Sie sind leider nicht der Erste, dem die Füße wehtun.» Schuld sei die Zentrale, die sei für die Ausschilderung zuständig.

Ein Zufall? Bis zum nächsten Drive-in von Burger King auf derselben Straße sind es laut Eigenwerbung 1000 Meter, doch mein – übrigens geeichtes – Messrad zeigt 1248 Meter an. Aber nicht nur die Großen schummeln, offenbar stimmt hier gar nichts. «100 Meter zurück gegenüber Kinderklinik» fordert ein paar Straßenzüge weiter ein Bäcker von seinen Kunden. 100 Meter zurück? Rückwärtsgehen ist auch auf dem Bürgersteig und auf dem Zebrastreifen nicht ungefährlich, und außerdem sind es genau 240 Meter. «Das hat einer ausgemessen mit ganz langen Beinen», versucht der Bäcker vergeblich, witzig zu sein. Zur Strafe kaufe ich nichts bei ihm.

Nichts als Lug und Trug: «Hotel Held, 300 Meter» verspricht

das nächste Schild. Doch nach dreihundert Metern stehe ich vor einem Beerdigungsinstitut, wo ich auf keinen Fall eine Nacht verbringen möchte. «500 Meter links» verspricht ein Fitnesscenter. Seltsam nur, dass ich nach den 500 Metern vor einem Einfamilienhaus stehe und die von mir überraschte Bewohnerin nur über einen Stepper und zwei Hanteln verfügt und damit nachweislich nicht in der Lage wäre, ein überzeugendes Trainingsprogramm anzubieten.

Das echte Fitnessstudio erreiche ich dagegen erst nach 651 Metern, und ich habe dort nicht den Eindruck, dass meine Beschwerde über die falsche Längenangabe sonderlich ernst genommen wird. «Ich sag Bescheid», meint lapidar die Empfangsdame. Ich sehe ihr förmlich an, dass sie mich entweder für einen Volltrottel oder einen gefährlichen Querulanten hält, mit dem man sich besser nicht anlegen sollte. Schick, aber völlig unzuverlässig ist auch die neue Beschilderung im Flughafen Köln / Bonn. Dort werden die Entfernungen in Schritten angegeben, um zu suggerieren, wie kurz hier doch die Wege sind. Bis zu Tabac & Co sind es angeblich 123 Schritte, in Wirklichkeit muss ich aber 160 Schritte zurücklegen. Mit dem letzten Schritt stoße ich auf die Inhaberin, die jede Schuld von sich weist: «Die Angaben sind vom Flughafen, nicht von uns.» Da kann ich nur darauf bestehen, meine Beschwerde schriftlich aufzunehmen (was sie auch tut) und an die Marketingabteilung des Flughafens weiterzuleiten (was sie wahrscheinlich nicht getan hat).

Mein neues Messrad habe ich letztendlich in den Keller gestellt. Von mindestens 30 überprüften Längenangaben hat keine einzige gestimmt. So bleibt mir nur diese Empfehlung: Wenn Sie, lieber Leser, mal vor lauter Langeweile gar nicht wissen, was Sie tun können, und sich außerdem mal wieder bewegen wollen – messen Sie nach, ob Ihr Baumarkt oder Bäcker auch das hält, was auf den Schildern steht.

Urlaub auf Pump

Wie wäre es mal mit Urlaub? Faul am Strand liegen, die Seele baumeln lassen. Das Leben als Dauertester ist ziemlich anstrengend, da wäre eine Erholungspause mehr als berechtigt. Einen ganz heißen Tipp für die angeblich schönsten Wochen des Jahres habe ich auch schon: Pump.

Noch nie gehört? Es muss irgendwo in der Südsee liegen, ein wahres Paradies zu niedrigen Preisen. Urlaub auf Pump: «Heute buchen, morgen reisen, übermorgen zahlen», lese ich in einem Reisekatalog. Einen tollen Urlaub verspricht auch diese Schlagzeile: «Neckermann macht's auf Pump möglich».

Und auch TUI bietet «Urlaub auf Pump». Da will ich unbedingt hin.

Flughafen Bremen, der Schalter eines örtlichen Reisebüros. Mein erster Versuch, den Ort meiner Träume zu erreichen.

«Guten Tag, man hört ja jetzt viel von Pump. Können Sie mir da weiterhelfen?»

«Pump? Noch nie gehört», antwortet die junge Frau im grauen Kostüm hinter dem Schalter.

«Das haben Sie noch nie gehört?», vergewissere ich mich. «Sagt mir nichts», wiederholt sie, greift dann aber zum Telefonhörer, um eine Kollegin im Reisebüro anzurufen: «Hast du schon mal was gehört von Pump? Soll das neue In-Ziel überhaupt sein ... weiß nicht, wo das sein soll ... habe ich noch nie gehört. Ja, das beruhigt mich, wenn du das auch nicht weißt. Alles klar, ich danke dir.»

Sie schüttelt mit dem Kopf. «Oder Raten. Haben Sie da was im Angebot?» – «Raten???», kommt als Gegenfrage. Wieder schüttelt sie hilflos mit dem Kopf.

«Nein, wo soll denn das sein?»

Dabei will ich mich diesem neuen Urlaubstrend unverzüglich anschließen. Urlaub auf Pump – sonst nichts! Doch wo ist das eigentlich? Nächster Versuch, dieses Mal in einem Reisebüro in der Bremer Innenstadt.

«Geschrieben wird es P-U-M-P», versuche ich dem zweiköpfigen Bedienungspersonal auf die geistigen Sprünge zu helfen. «Nur mit Flug oder mit Hotel?», kommt als Standardfrage.

«Gerne mit Hotel, wenn Sie es denn finden!», antworte ich und wiederhole mich: «Da reden doch im Moment alle drüber.» Urlaub auf Pump – ich würde aus dieser Formulierung schließen, dass es sich dabei um eine Insel handle. Sie blättern eifrig Kataloge durch, sie surfen im Internet, leider ohne Ergebnis.

Auch im nächsten Reisebüro kann mir die nette Bedienungskraft zunächst nicht weiterhelfen. «Das ist in Kroatien, glaube ich», lautet ihre erste Vermutung. Ihre Kollegin tippt eher auf Puerto Rico: «Meinen Sie Pump Bay? Das liegt bei St. Kitts.» Wieder nichts.

Am Ende des Tages verzichte ich auf meinen Urlaub auf Pump und habe damit immerhin viel Geld gespart.

Werbedeutsch

L

Landei

Früher eine abschätzige Bemerkung über Besuch aus der Provinz, heute ein Merkmal für Qualität: Das Ei kommt vom Land, ganz frisch also, gerade von den Hühnern gelegt, die in der frischen Landluft glücklich sind. Dabei ist allerdings Folgendes zu bedenken: Sicher, das Ei ist vom Land. Woher sonst? Mit der Bezeichnung Stadtei wäre es ohnehin kein Verkaufsschlager. Auf dem Land stehen allerdings auch die Käfige, in denen 70 Prozent aller Legehennen eingesperrt werden.

Deshalb hat vor ein paar Jahren der Bundesverband der Verbraucherzentralen auch einen Prozess gegen Rewe gewonnen. Das Unternehmen hatte auf den Verpackungen für Eier eine ländliche Bauernhofidylle abgebildet. In den Packungen waren jedoch Eier aus der Käfighaltung. Wegen Irreführung gab das Unternehmen vor dem Oberlandesgericht Frankfurt eine Unterlassungserklärung ab. Die ländliche Idylle löste sich in Luft auf, und das Landei war geplatzt.

Light ist nicht leicht

Die Übersetzung ist in diesem Fall keine Übereinstimmung. Von Deutsch auf Englisch – damit ändern sich schlagartig die Möglichkeiten, mit Werbung den Verbraucher an der Nase herumzuführen. Einer der vielen Tricks der Werbeindustrie.

Bei einem Lebensmittel mit dem Zusatz «leicht» müssen die Eigenschaften angegeben werden, die es leichter machen. Also zum Beispiel 30 Prozent weniger Fett als das vergleichbare Standardprodukt. Erst ab einer Verringerung von mindestens 30 Prozent darf das Erzeugnis als «leicht» bezeichnet werden. «Light» dagegen ist rechtlich nicht definiert, deswegen sprechen viele Hersteller plötzlich Englisch, wenn es um die Gestaltung der Verpackung geht. Denn alle Light-Produkte sind im Grunde Lebensmittelimitate. Traditionelle Bestandteile wie Fett, Milcheiweiß oder Zucker werden durch Luft, Wasser und Chemie ersetzt. Das ist weder gesünder noch billiger für den Verbraucher. Light – dann hat man es nicht leicht.

Milch – extra lange frisch

Bei Milch wird genau hingeschaut: Wie lange bleibt sie frisch? Das Mindesthaltbarkeitsdatum ist in der Konsummilch-Kennzeichnungs-Verordnung vorgeschrieben, in der Regel auf den Verpackungen jedoch ziemlich klein abgedruckt. Durch zwei Hinweise sollte die Information für den Verbraucher verbessert werden: «Länger haltbar» oder «Traditionell hergestellt».

Auf eine Aufnahme in die Verordnung verzichtete jedoch in diesem Fall das Verbraucherministerium. Stattdessen gaben Einzelhandel und Milchindustrie eine Selbstverpflichtung ab. Ob dieser Verzicht auf staatliche Regulierung sinnvoll ist, wollte der Bundesverband der Verbraucherzentralen mit einer Untersuchung herausfinden. 660 Milchpackungen oder Flaschen ließ er untersuchen. Nur 240 davon waren korrekt gekennzeichnet. Auf den anderen Flaschen standen frei erfundene Bezeichnungen wie «extra lange frisch», «länger frisch» oder «Maxi frisch». Der Mut zur Gesetzeslücke wurde auch in diesem Fall nicht belohnt.

Milchjieper durch Milchschnitte

Entgegen landläufiger Meinung sind nicht die Klitschko-Brüder Erfinder der Milchschnitte, bis zum Jahr 2000 auch Kinder-Milchschnitte genannt.

Zwar erwähnen die boxenden Brüder Wladimir und Vitali in ihrem Werbespot, den jeder Deutsche im Alter zwischen drei und 89 Jahren geschätzt einhunderttausend Mal gesehen hat, gewisse «Blinis». Die haben nach übereinstimmender Erinnerung der Brüder zum einen «grauenhaft» geschmeckt, zum anderen handelt es sich dabei um russischen Pfannkuchen, bei deren Zubereitung selbst ein Boxer eigentlich nichts falsch machen kann. Als Erfinder der Milchschnitte hätten die Brüder ohnehin nie boxen müssen, höchstens aus purer Langeweile.

Bis Mitte 2000 hieß das Erzeugnis Kinder-Milchschnitte. Dann kam heraus, dass Alkohol als Trägerstoff für Aromen in der Milchschnitte war. Sehr gering dosiert zwar, aber ausreichend, um bei Elternabenden und Vollversammlungen in Kindergärten in Verruf zu kommen. Die Nachricht breitete sich aus. Es gab für den Hersteller unangenehme Fragen: Darf ein trockener Alkoholiker in die trockene Milchschnitte beißen?

Oder besteht für ihn akute Rückfallgefahr, und liegt er nach dem Genuss von drei Milchschnitten unter dem Küchentisch?

Das war für den Hersteller der angesprochenen Milchschnitten ein ärgerlicher Haufen aus unangenehmen Fragestellungen, und der wurde schnell abgeräumt. Seit Mitte 2000 ist die Milchschnitte komplett alkoholfrei, und «Kinder» wurde aus der Produktbezeichnung gestrichen.

Auch beim «Milchjieper» könnte man die Frage aufwerfen, ob da Alkohol im Spiel war. In den entsprechenden Werbespots erklärt ein alternder Barkeeper einem jungen Pärchen, dass die Milchschnitten im Kühlschrank seiner Bar bei seinen Gästen den «Milchjieper» auslösen. Gemeint ist also eine Art Gier nach der gewöhnlichen Milchschnitte. Seltsam nicht nur, dass der Barkeeper Berge von Milchschnitten in seinem übergroßen Aluminium-Kühlschrank hortet. Eigentlich sitzen die Milchschnitten doch direkt am Tresen.

N

Nur das beste Fleisch

Positiv ist in diesem Fall, dass uns hier nicht das schlechteste Fleisch angeboten wird. Schlecht ist, dass es sich dabei weder in dem einen noch dem anderen Fall um ein verbindliches Qualitätsversprechen handelt, auf das sich der Verbraucher auch wirklich berufen könnte.

Klingt gut, bleibt aber völlig unverbindlich. Das gilt auch für so schöne Formulierungen wie «Nach Originalrezept», «Natur pur» oder «Naturnähe» und «Nur ausgewählte Zutaten». Wobei das ja keineswegs eine Lüge ist – irgendjemand wird die Zutaten ja ausgewählt haben.

Nürnberger Lebkuchen

Sicher ist, dass der Nürnberger Lebkuchen tatsächlich aus Nürnberg kommt und nur dort hergestellt werden darf. Die Zutaten dürfen auch von außerhalb kommen. Das war im Übrigen schon immer so, denn einst war die Frankenstadt eine wichtige Station der Handels- und Gewürzstraßen, so entstand der Geschmack. Alle Unternehmen, die jemals mit der Herstellung von Nürnberger Lebkuchen ihre Gewinne einfahren wollen, müssen sich innerhalb der Stadtgrenzen Nürnbergs ansiedeln.

Natürliches Aroma

Der Kompromiss am Kühlregal sieht häufig so aus: Die Packung mit den vielen Fruchtabbildungen wird zurückgelegt, weil zu teuer. Aber immerhin mit dem «natürlichen Aroma», die Packung soll es dann schon sein. Billiger, aber offenbar immer noch natürlich.

Doch wer denkt schon an Holz, wenn er seinen Erdbeerjoghurt löffelt? Holz ist nämlich auch ein natürlicher Rohstoff, aus dem mittels Enzymen oder Schimmelpilzkulturen natürliche Aromen hergestellt werden können. Das «natürliche Aroma» muss nach den Vorschriften nicht aus dem beworbenen Lebensmittel stammen, also beim Erdbeerjoghurt aus Erdbeeren.

Nur wenn «Natürliches Erdbeeraroma» auf der Verpackung steht, gab es im Herstellungsablauf einen Erstkontakt mit einer echten Erdbeere.

O

Ofenfrisch

Es gibt Pizzen, die unsere volle Aufmerksamkeit verdient haben. Nehmen wir «Die Ofenfrische» von Dr. Oetker. Wir finden sie in der Tiefkühltruhe unseres Supermarktes. Wir wissen nicht, ob diese Pizza bei der Herstellung jemals einen Ofen von innen gesehen hat. Jetzt liegt sie in der Kühltruhe mit der unbestreitbaren Folge, dass sie gefroren ist. In der Mikrowelle oder im Backofen wird sie heiß und knusprig. Aber wieder frisch, obwohl sie (die Pizza) schon einmal gefroren war?

Ohne Zusatzstoff Geschmacksverstärker

Wer diesen relativ langen Hinweis auf die Verpackung schreibt, der muss es doch ernst meinen. Eine freiwillige gute Tat ganz im Sinne einer vorbildlichen Ernährung. Denn bisher werden wahrscheinlich nur wenige Konsumenten Druck auf das Verkaufspersonal im Supermarkt ausgeübt haben, etwa mit der Bemerkung: Wenn ich nicht augenblicklich eine Suppe ohne Zusatzstoff Geschmacksverstärker finde, verlasse ich auf der Stelle das Geschäft.

Die schonungslose Wahrheit lautet: Wer so wirbt, kommt in der Tat «ohne Zusatzstoff Geschmacksverstärker» aus. Das heißt aber noch lange nicht, dass in der Suppe keine anderen geschmacksverstärkenden Mittel sind.

Hefeextrakt verstärkt auch den Geschmack, muss aber nicht als «Geschmacksverstärker» deklariert werden. Das steht dann auf dem Etikett – aber kleingedruckt.

Orgie in Grün bei Hornbach

Malermeister Klecks steht kurz vor dem vorzeitigen Ruhestand. Für die farbliche Gestaltung einer Wohnung kündigt sich eine neue, geradezu bahnbrechende Maltechnik an. Vorreiter ist im April 2008 die Baumarktkette Hornbach. In seinem Werbespot zeigt der Baumarkt eindrucksvoll, wie Maler und Farbe geradezu miteinander verschmelzen. Ein ganz neuer Trend für alle Handwerker, der mich sofort schwer begeistert. Kann das jeder? Muss man sich dafür nackig machen? Aber wie reagiert dann meine empfindliche Haut auf die Wandfarbe? Am besten, ich lasse mich vorher fachkundig beraten.

An dieser Stelle möchte ich zunächst ein seltenes Lob aussprechen. Die Werbespots von Hornbach sind ziemlich schräg und zählen für mich zum Besten, was ich in den letzten Jahren in Deutschland gesehen habe. Die Werbung wirkt geradezu philosophisch und surrealistisch, und das ist ziemlich erstaunlich, denn eigentlich geht es ja um Bohrmaschinen, Wandfarbe und Gartengeräte.

Ungewöhnlich eben auch dieser Werbespot: Ein bis auf die Unterhose nackter Mann gießt sich einen Eimer mit grüner Farbe über den Kopf. Mit dieser giftgrünen Farbe reibt er sich dann auch noch ein, von oben bis unten. Den Rest der Farbe verspritzt er mit heftigen Handbewegungen an die bisher weißen Wände, wälzt sich mit seinem ganzen Körper von Wand zu Wand. Eine zweifellos irre Szene. Zum Schluss setzt er seine Brille auf und reißt das Schutzpapier von den Wänden. Zurück bleibt sein ganz persönliches Muster auf einem grünen Streifen in der Mitte der weißen Wände. «Es gibt immer was zu tun», teilt uns Hornbach mit.

«Geht die Farbe wieder ab», will ich im nächstgelegenen Hornbach-Baumarkt wissen. Die junge, blonde Verkäuferin stutzt: «Wo soll sie von ab? Von der Wand, meinen Sie?» Sie hat mich falsch verstanden, ich meine vom Körper. «Die ist auf Wasserbasis», klärt sie mich auf. «Also, die geht auch vom Körper wieder ab.»

Endlich kann sie den Gedankengang ihres Kunden nachvollziehen: «Sie möchten sich da so nackig hinstellen?» Ich bejahe und stelle mir gerade vor, dass sie sich gerade vorstellt, wie ich nackt in einem leeren Zimmer stehe, mit einem Pinsel in der Hand. Das ist mir unangenehm, und deshalb will ich diesen Eindruck nicht lange wirken lassen.

«Es soll ja nicht ganz nackig sein. Was trägt man denn da am besten», frage ich sie. «Eine Unterhose?», kommt als Gegenfrage zurück.

Darauf kann man sich einigen: «Ja klar, eine Unterhose ist wahrscheinlich schon am besten, damit man sich nicht völlig einsaut. Nur welche? Eher Boxershorts oder ein knapper Tanga?» Ich möchte auch jetzt nicht, dass sie sich das bildlich vorstellt. Sie soll bitte nur meine Frage beantworten. Doch die Verkäuferin hält mich inzwischen für völlig durchgedreht oder alterssenil oder pervers, wahrscheinlich alles. «Das bleibt ja Ihnen überlassen», sagt sie noch kurz, lässt mich stehen und wendet sich dann in schnellen Schritten der Sanitärabteilung zu. Am Tresen der Farbberatung wird eindringlich vor dem Experiment gewarnt. «Sie dürfen nicht vergessen, die Menge der Farbe. Weil der gießt sich ja wirklich literweise Farbe über. Sie dürfen nicht vergessen, die läuft ja auch runter. Der Verbrauch wäre ja irrsinnig hoch», erklärt mir ausführlich der Farbenverkäufer, der so wirkt, als würde er freiwillig niemals einen Eimer Farbe umrühren, um sich durch Farbkleckse nicht seinen optischen Gesamteindruck zu versauen. «Das ist ja ein utopischer Aufwand», bekräftigt er noch einmal. Seltsam, aber jetzt muss ich die Werbekampagne seines Arbeitgebers verteidigen: «Aber das gibt ja die individuelle Note, dadurch, dass man das mit seinem eigenen Körper macht.» Aber auch hier kennt Verkäufer Schlauberger ein Gegenargument:

«Das stimmt zwar. Aber mal ganz ehrlich: Danach würde das ja gar keiner sehen. Das würde ja kein Mensch glauben, dass ich mich wirklich mit der ganzen Farbe begossen habe.» Der Aufwand wäre zu hoch, und die Kosten wären es auch.

Ein Verzicht auf diese körperliche Erfahrung kommt aber für mich nicht mehr in Frage. Deshalb wechsle ich die Filiale und fange noch einmal von vorne an. «Gibt es da spezielle Kurse bei Ihnen, wie man diese Maltechnik zunächst üben kann, vielleicht mit anderen Gleichgesinnten?», frage ich bei der Farbberatung im Baumarkt ganz vorsichtig nach. Auch dieser Verkäufer wirkt verunsichert, seine Antwort ist indes eindeutig: «Nein. So etwas haben wir hier nicht.» Schon wieder gelte ich als pervers, nur weil ich der Firmenwerbung folgen will. Auch sein Kollege, ein älterer, erfahrener Mann, rät ab: «Ihre Körperform bringt die Strukturen da nicht auf die Wand, das wird nicht funktionieren.» Übereinstimmend wird jedoch versichert, dass die Wandfarbe keineswegs schädlich für den Körper sei und sich auch wieder abwaschen lasse.

Ich kaufe einen 10-Liter-Eimer mit giftgrüner Farbe, Klebeband und Papierrollen zum Abdecken. Das Experiment kann beginnen. Ich räume mein Wohnzimmer frei, mit dem weißen Wandanstrich ist schon mal eine gute Voraussetzung für die weitere Farbgestaltung vorhanden. Nur – wer malt jetzt, mit seinem Körper? Ich selbst fühle mich zu schmächtig für diese Aktion.

Und außerdem will ich lieber zugucken. Uwe hat Zeit und ist blöd genug, für 50 Euro in bar den Job anzunehmen. Ich kenne Uwe seit einigen Jahren und weiß deshalb bestens, was er schon alles angestellt hat. Zurzeit arbeitet er mit seinen 34 Jahren als «strong man» und hebt an Wochenenden auf irgendwelchen PS-Partys Autos hoch. Mit Farbe hat er sich allerdings bisher auch noch nie übergossen. Die freie Fläche an den Wänden ist zwölf Quadratmeter groß. Uwe wiegt 126 Kilo, das ergibt eine Deckmasse von 10,5 Kilo pro Quadratmeter.

Uwe hat zu Beginn des Experiments nur eine knappe Unterhose an und eine Taucherbrille auf. Er holt tief Luft und übergießt sich in einem Rutsch mit der giftgrünen Farbe aus dem Eimer. Gut, dass ich das nicht selbst gemacht habe. Denn der große, starke Uwe sieht jetzt aus wie ein begossener Pudel, der in einen Farbeimer gefallen ist.

«Na, wie ist das?», will ich von Uwe wissen.

«Komisches Gefühl», murmelt er. Ich gebe ihm zwei Minuten Zeit, durch den Einsatz seines Körpers für ein sensationelles Farbmuster in meinem Wohnzimmer zu sorgen. Uwe gibt sich alle Mühe: Er drückt Kopf, Oberkörper, Hände, Arme und einiges mehr an die Wände, schubbert sich links und rechts entlang, windet sich in den Ecken und reißt nach Ablauf der zwei Minuten die Papierrollen runter.

Das Ergebnis begeistert mich: Die entstandenen grünen Farbstreifen sehen genauso aus wie in der Werbung, es funktioniert also. Allerdings steht Uwe immer noch giftgrün vor mir. Interessant: Seine Bewegungsabläufe sind bereits eingeschränkt, da die Wandfarbe sehr schnell trocknet. «Die soll wasserlöslich sein», versuche ich Uwe Mut zu machen.

Und wenn nicht? Uwe verschwindet unter die Dusche, ich wenig später in den nächstgelegenen Baumarkt von Hornbach. Wie bekommt Uwe die Farbe am besten wieder ab? Erster Verkäufer: ratlos. «Also, ich kann Ihnen sagen, Sie können sich komplett mit Verdünnung einschmieren, damit die Farbe wieder abgeht. Normalerweise sucht sich keiner eine Farbe aus und rollt sich an der Wand lang.»

Der nächste Verkäufer hat einen Verdacht: «Als Sie reingekommen sind und gefragt haben, dachte ich mir gleich: Das ist doch einer von der Zentrale, der uns testen will.»

Kurzes Zwischenfazit: Man kann so malen. Aber die Baumarktkette müsste dringend die Vor- und vor allem die Nachsorge für ihre Kunden verbessern. Eine Stunde später bin ich zurück in meiner Wohnung. Uwe kommt gerade aus dem Badezimmer, frisch geduscht, die Farbe war tatsächlich wasserlöslich. Im Gegensatz zu den Wänden in meinem Wohnzimmer sieht er fast wieder so aus, als wäre nichts geschehen. Das Farbmuster in meinem Wohnzimmer sorgt seitdem immer mal wieder für Gesprächsstoff unter meinen Freunden. Die Adresse des Malers rücke ich allerdings nicht raus. Denn Uwe übernimmt seitdem keine Malerarbeiten mehr.

Wie ich mich schön trank

Das maximal erreichbare Lebensalter eines Menschen liegt nach dem neusten Stand der Wissenschaft mittlerweile bei etwa 120 Jahren. So alt will ich auch werden, mindestens. Allerdings möchte ich dann möglichst nicht so alt aussehen, wie ich dann bin. Das bleibt weiterhin schwierig, denn schon ab dem 25. Lebensjahr setzt die Alterung der Haut ein. Die ersten Falten sind da, gleichzeitig verlangsamt sich die Geschwindigkeit der Zellerneuerung, und die Fähigkeit, Feuchtigkeit zu speichern, nimmt ab. Alles kein Problem, dank Anti-Aging. Eine Reihe von Produkten ist überraschenderweise in der Lage, die biologische Alterung des Menschen hinauszuzögern. Vorbei die Zeiten, als sich die Natur nur mit Cremes und Pillen überlisten ließ, wie es jedenfalls die Werbung der Hersteller versprach. Die Lebensmittelindustrie hat einen neuen Markt entdeckt: «Functional Food» heißen die Lebensmittel, die mehr versprechen als die bloße Sättigung. Jetzt gibt es auch Schokolade gegen Akne, Pralinen zum Stressabbau, Joghurts zur Hautstraffung, Wurst zum Abnehmen, Kaugummi gegen Schweißgeruch, Marmelade gegen Falten und Bier zum Jungbleiben. Für letzteres Produkt entscheide ich mich gern, denn nun kann ich mich im wahrsten Sinne des Wortes schön trinken. Saufen, um jung zu bleiben – Prost. «Für Körper, Geist und Seele» steht auf dem Etikett des Anti-Aging-Bieres aus der Klosterbrauerei Neuzelle in Brandenburg. Durch den Genuss von nicht mehr als einer Flasche pro Tag komme es bereits zu Anti-Aging-Effekten, so die Brauerei. Dies liege an den zusätzlichen Naturstoffen, die dem alkoholhaltigen Bier beigemengt werden und von denen so ein gewöhnlicher Biertrinker wie ich in seinem ganzen Leben noch nie etwas gehört hat: Sole, Spirulina-Algen und das Flavonoid Quercetin, ein Pflanzenauszug aus Obst und Gemüse. Diese Inhaltsstoffe sollen die Sauerstoffversorgung in den Körperzellen unterstützen. Pro Schluck ein neue Körperzelle? Eine Flasche, und schon strafft sich die runzlige Haut? Ein Kasten, und schon ist man wieder jung? Der Hersteller versichert: Im Vergleich zu seinen konventionellen Sorten habe dieses Bier eine zehnfach höhere «antioxidative radikalabfangende Aktivität». Jetzt muss ich es also nur noch trinken.

Sich schön trinken zu können – diese wunderbare Aussicht auf den Rest meines Lebens verführt mich zu einem Ausflug nach Neuzelle in der Nähe von Eisenhüttenstadt. Neben einem offenbar mit Millionenaufwand restaurierten Schloss liegt die Brauerei – der Jungbrunnen für den Bier trinkenden Teil der Menschheit. Die Klosterbrauerei gibt es seit 1589 – und hat sich ja auch bis heute halten können, was ich gern als gute Grundlage für die Hemmung des Alterungsprozesses werte. Nach der Wende wurde das Unternehmen von der Familie Fritsche übernommen und macht nach eigenen Angaben einen Jahresumsatz von immerhin vier Millionen Euro. Doch noch nie stand die kleine Brauerei so im Mittelpunkt des Interesses wie seit der sensationellen Erfindung des Anti-Aging-Bieres. Freudig erregt treffe ich auf den Geschäftsführer der Brauerei, Stefan Fritsche, einen Mittvierziger ohne Alkoholfahne. Ich spreche ihm sofort meine Glückwünsche aus:

«Das ist ja wohl das erste Bier, mit dem man sich schöner trinken kann.» Diese meine Aussage bleibt von ihm unkommentiert, er versichert aber immerhin: «Meiner Meinung nach ist es das gesündeste Bier der Welt, wenn man es in Maßen genießt.»

Der Geschäftsführer empfiehlt nicht mehr als eine Flasche pro Tag. Das Anti-Aging-Bier sei übrigens bereits ein Exportschlager.

Die Abnehmer trinken sich unter anderem gerade in Moskau und Peking schön. Wo ich schon mal da bin, zeigt er mir noch in Reagenzgläsern die Substanzen, die für den Trink-dich-schön-Effekt sorgen.

Genug der Worte, her mit den Pullen. Zwecks Soforttherapie nehme ich gleich so viel mit, wie ich schleppen kann. Zwei Kisten mit jeweils zwanzig Halbe-Liter-Flaschen. Eine Kiste kostet 34,90 Euro. Das Anti-Aging-Bier hat übrigens einen Alkoholgehalt von 4,8 Prozent. Nicht mehr als täglich eine Flasche. Es wird nicht leicht, da standhaft zu bleiben. Unmittelbar nach Verlassen der Brauerei leere ich die erste Flasche. Schmeckt wie ein normales Bier, noch spüre ich natürlich nichts.

Die zwei Bierkästen sind irre schwer. Deshalb sehe ich mich gezwungen, auf dem Nachhauseweg und in der Bahn die zweite und dritte Flasche auszutrinken. Je eher jünger, desto besser. Endlich zu Hause angekommen, öffne ich die vierte Flasche. Danach fühle ich mich angenehm leicht.

Der Morgen danach, der erste Blick in den Spiegel: Jünger sehe ich noch nicht aus, sondern irgendwie älter. Die nächste Flasche wird es schon richten. Später, vor dem Schlafengehen, noch einmal ein selbstkritischer Blick in den Spiegel meines Badezimmers: Alle Falten sind noch da. Gute Nacht! Am nächsten Tag leere ich nachmittags die Flaschen Nummer sechs und Nummer sieben mit der Ernährungsberaterin Hilke Belikowski, die freiberuflich davon lebt, solch schweren Fällen wie mir beim Einstieg in ein gesundes Leben zu helfen. Leider hat Frau Belikowski ihre Zweifel an der Wirksamkeit des Getränkes. Unter Berücksichtigung der Inhaltsstoffe lautet ihre Empfehlung: zwei bis drei Flaschen kontinuierlich jeden Tag. «Bis eine Wirkung wirklich sichtbar ist, müssten es schon 20 Kisten sein», sagt Frau Belikowski beim letzten Schluck aus der Flasche.

Zwanzig Kisten? Dann würde mich der Bierverbrauch fast siebenhundert Euro kosten, so viel wie ein Wellness-Urlaub in der Nebensaison. Und wie soll man vor Familie, Freunden und Kollegen die ständige Trunkenheit rechtfertigen? Mit dem Hinweis auf eine Therapie, die nur dann funktioniere, wenn man ständig angetrunken ist? Etwa so: Ich trinke aus gesundheitlichen Gründen.

Am nächsten Wochenende setze ich alles auf eine Karte: Samstag ist der Rest der ersten Kiste geleert, am Sonntag um Mitternacht habe ich auch die zweite Kiste mit wieder 20 Flaschen geschafft. Viermal muss ich mich im Laufe dieses Tages übergeben, 37-mal zum Urinieren zur Toilette laufen. Alles egal, denn beim letzten Blick in den Spiegel finde ich heraus, dass ich verschwommen richtig klasse aussehe. Die Werbung hat nicht zu viel versprochen: Man kann sich tatsächlich schön trinken.

Fünf Schäfchen in der Bank

Mit 1300 Schafen und seiner vierköpfigen Familie lebt Wendelin Schmücker auf einem Bauernhof am Rande von Winsen an der Luhe in Niedersachsen. Zum Jahreswechsel 2010 erfährt er durch mich von einem Angebot der Volksbanken und Raiffeisenbanken, das wie maßgeschneidert für ihn ist: «Jetzt mitnehmen, was geht. Und die Schäfchen ins Trockene bringen.» Der 33-jährige Schäfer ist sofort begeistert: «Wenn es gerade regnet, warum soll man das Angebot dann nicht annehmen?»

Kurz nach und vor der nächsten Finanzkrise: In diesen für Sparer so unruhigen Zeiten soll das Angebot der Volks- und Raiffeisenbanken die Nerven der Kleinanleger beruhigen. Einfach die Schäfchen ins Trockene bringen – dann klappt das auch mit der Geldanlage. Vor allem, wenn es draußen regnet und in der ganzen Welt stürmt. Der dazugehörige Werbespot zeigt einen jungen Mann, der niedliche Schäfchen mit lustig-gelben Regenhütchen vorsorglich in seine schicke Wohnung trägt, weil es vor der Tür pausenlos regnet. «Die Schäfchen ins Trockene bringen», wiederholt der Sprecher des Werbespots. Was die Banker bei ihrer Konzeption nicht bedacht haben: Ein guter Schäfer ist während der Wanderschaft mit seiner Herde ständig auf der Suche nach einem trockenen Plätzchen und könnte deshalb die Werbung durchaus als Einladung verstehen.

Ich muss den jungen Schäfer deshalb gar nicht lange überreden, beim nächsten Regen seine Schäfchen in der nächsten Volksbank ins Trockene zu bringen. Allerdings wäre in einer Filiale nach den ersten Recherchen kaum Platz für alle 1300 Schafe, die Tiere gelten zudem als extrem ängstlich und könnten in der ungewohnten Umgebung schnell in Panik verfallen. Deshalb dürfen nur die ganz braven Tiere mitkommen beim Ausflug in die nächstgelegene Großstadt – und das ist Hamburg. Ob sie Bock haben oder nicht. Als wir gemeinsam in einem Kleinlaster in Hamburg ankommen, herrscht wie bestellt schlechtes Wetter. Es regnet, es ist ungemütlich. Also nix wie rein in die Verwaltungszentrale der Hamburger Volksbank – ins Trockene.

Doch während wir reinwollen, will eine Bankangestellte gerade raus und hält Schafe und Schäfer schon am Eingang auf. «Sie können hier nicht rein», erklärt sie kategorisch. «Aber es regnet draußen», entgegnet der Schäfer. Antwort: «Es ist mir schon klar, dass es draußen regnet. Aber hier kommen Sie auf keinen Fall rein. Sonst muss ich den Sicherheitsdienst rufen.»

Auf der Wendeltreppe, die kurz hinter dem Eingang zur Schalterhalle in die oberen Etagen führt, erscheint ein Herr im Anzug, offenbar ihr Vorgesetzter. «Was kann ich für Sie tun», fragt er den Schäfer, wartet die Antwort aber gar nicht ab: «Für Tierhaltung sind wir nicht zuständig, das kann ich Ihnen gleich sagen. Ihre Schafe haben hier absolut nichts verloren.» Schafe und Schäfer müssen umdrehen und stehen im Regen. Wahrscheinlich ein Missverständnis. Denn erst durch die passende knallgelbe Kopfbedeckung der Schafe werden die Banker erkennen, dass sie die Schafe doch selber eingeladen haben. Deshalb setzen wir auf dem Weg zur nächsten Filiale der Volksbank den fünf Schafen die Hauben auf. Die Schafe sehen jetzt noch viel blöder aus, aber offenbar besteht die Bank auf dieses Erscheinungsbild.

Dieses Mal wählen wir eine kleine Filiale am Stadtrand aus. Willig folgen die Schafe zum Kassenbereich. «Wir wollen die Schäfchen ins Trockene bringen», bringt es der Schäfer auf den Punkt. Wieder erscheint ein Bankchef, doch der erkennt in dieser

Filiale sofort, dass es sich hier um die Auswirkung der eigenen Bankwerbung handelt. Das bringt ihn erkennbar in eine Zwickmühle: Soll er die Spaßbremse sein, oder soll er in diesem Fall alle fünfe gerade sein lassen?

«Sind das denn männliche oder weibliche Tiere», will der Filialleiter vom Berufsschäfer wissen. Der ist verblüfft: Was soll die Frage? Dürfen nur weibliche Tiere in die Bank, und werden die männlichen etwa an die Konkurrenz der Sparkasse verwiesen? «Ja, gucken Sie mal nach», kontert der Schäfer. Eine gute Antwort, denn der Banker weiß nicht, wo er da genau nachgucken soll, und lässt die Schafe in die Bank. Zwei der fünf Schafe bindet der Schäfer an einem Aktenschrank fest. Keine gute Idee, denn die Tiere werden etwas unruhig in der fremden Umgebung und reißen die Schubladen raus. Schaf Nummer drei kotet auf den Bankteppich, Schaf Nummer vier springt auf den Banktresen und weigert sich, wieder runterzukommen. Und Schaf Nummer fünf gilt erst als verschwunden, wird dann aber beim Urinieren hinter einer Stellwand erwischt. Der Schäfer muss erkennen, dass seine Schafe zwar jetzt im Trockenen stehen, sich aber hier leider nicht wohlfühlen.

Der Leiter der Bankfiliale hat sich zurückgezogen, um sich wahrscheinlich mit der Zentrale zu beraten. Für den Umgang mit Bankräubern gibt es klare Dienstanweisungen, für das Betreten einer Filiale durch eine Schafherde wahrscheinlich nicht. Nach einer halben Stunde ist der Teppich der Bank ruiniert, und der Filialleiter immer noch nicht wieder aufgetaucht. Draußen regnet es nicht mehr, Schäfer und Schafe verlassen geschlossen das Geldinstitut.

Eine wichtige Frage ist allerdings noch nicht beantwortet: Wie lässt sich in einer Bank die Unterbringung von Schafen mit dem Publikumsverkehr vereinbaren? Stören die Schafe, oder stört die

Kundschaft? In den beiden Filialen bisher waren beide Zielgruppen der aktuellen Werbekampagne nicht aufeinandergestoßen, weil es zu der Zeit offenbar gerade an zweibeinigen Kunden mangelte. Aber nach ihrer Einladung an alle Schäfer muss die Bank auch damit rechnen. Auf dem Nachhauseweg rollt der Schäfer mit seinem Viehtransporter an der Hauptfiliale der Hamburger Volksbank in der Rosenstraße vorbei. Soll er oder soll er nicht? Er soll, überrede ich ihn. Gemeinsam treiben wir die fünf Schafe zwischen den Kunden an den Bankautomaten in die Schalterhalle. «Sie können doch hier jetzt nicht ...», versucht ein junger Bankangestellter sich in den Weg zu stellen. Doch bekanntlich machen die Volks- und Raiffeisenbanken den Weg frei, und deshalb beachten wir ihn nicht weiter. Klar, auch diese Filiale ist auf die Unterbringung von Schafen in keiner Weise eingerichtet. Zum Anbinden der Tiere bleiben nur Schreibtische und Bürostühle. Der junge Bankangestellte, der uns vergeblich aufhalten wollte, ist durch seine eigene Unachtsamkeit in Schafkot getreten. «Damit müssen Sie rechnen, das sind Tiere», erklärt ihm der Schäfer.

Und wie reagieren nun die anderen Kunden? Sie staunen, aber keiner beschwert sich. Manche glauben an einen Werbegag der Bank, andere wundern sich beim Thema Banken heutzutage über gar nichts mehr. Eine ältere Frau steht ratlos vor dem, was nun am Kontoauszugsdrucker rausgekommen ist: Schafkot. Der junge Bankangestellte, der die Schafe zunächst nicht hereinlassen wollte, ist inzwischen wie ausgewechselt und kommt mit einem Eimer Wasser zurück, damit die Tiere zwischen den Geldgeschäften nicht verdursten. Seine plötzliche Tierliebe ist wahrscheinlich durch eine neue Anweisung aus der Zentrale zu erklären, im Getümmel taucht plötzlich auch die Pressesprecherin der Hamburger Volksbank auf. «Da haben Sie uns ja echt auf die Probe gestellt», erkennt sie.

Dennoch wirken sie und die anderen Mitarbeiter der Bank ziemlich erleichtert, als die neu umworbene Zielgruppe das Geldinstitut wieder verlässt. Draußen regnet es nicht mehr, und Schafe und Schäfer können endlich weiterziehen. Bis sie mal wieder ein trockenes Plätzchen brauchen, in ihrer Bank.

Werbedeutsch

P

Peeling

Gesichtspflege ist ja durchaus inzwischen auch was für Männer, das wissen wir spätestens seit der Werbung von Nivea und Co. Tiefenreinigendes Peeling soll wahre Wunder bewirken. Nivea For Men bietet etwa die «Formel mit extra feinen Peeling-Partikeln». Wie müssen wir uns das vorstellen?

Der inflationär benutzte Begriff Peeling (Englisch: schälen) steht eigentlich für eine kosmetische oder dermatologische Behandlung der Haut, bei der die Hornschichten mechanisch oder chemisch entfernt werden. Beim tiefen Peeling wird die Haut bis zur Kollagenschicht abgetragen, die Verheilung der Hautflächen dauert mehrere Wochen. Welcher Mann wird sich eine solche Behandlung wünschen? Und warum soll er sich anschließend die «extra feinen Peeling-Partikel» (hoffentlich die eigenen) wieder auftragen? An alle Werbeleute aus der Kosmetikbranche, sicherheitshalber gleich auf Englisch:

Peeling is more than a feeling.

Premium

Wir haben Premium-Bier, Premium-Autos, aber doch nur selten Premium-Politiker. Was nicht nur an deren Einsicht liegt, sich selbst lieber nicht so zu bezeichnen. Premium, da steckt das Wort Prämie drin, soll eine besonders hohe Qualität signalisieren. Der Begriff ist markenrechtlich nicht geschützt.

Jeder und alles könnte «Premium» sein.

Promis in der Werbung

Mögen Sie Dieter Bohlen? Glauben Sie daran, dass er am liebsten die Bruzzler-Würstchen von Wiesenhof verputzt und Sie ihn im Großraumwaggon der Bundesbahn treffen könnten? Trägt Verona Pooth auf der nächsten Gala ein Kleidchen von KiK zum Schnäppchenpreis von 6,99 Euro? Hat Thomas Gottschalk seit 18 Jahren wirklich immer eine Tüte Haribo dabei? Werbung mit Promis wirft Fragen auf. Sind die Stars ihre Millionen wirklich wert? Oder bleibt die Glaubwürdigkeit auf der Strecke? Jeder zehnte Fernsehwerbespot wirbt mit einem Promi. Doch für welche Marke – das bleibt oft nur in dubioser Erinnerung. Werbung mit Stars von Film und Fernsehen – das gab es schon zu Beginn des Werbefernsehens.

Dem Volksschauspieler Beppo Brem folgten Marianne Koch (ADO-Gardinen, die mit der Goldkante), die Kessler-Zwillinge in Strumpfhosen (Nur Die), Helmut Lange («Der Lederstrumpf») als Dash-Reporter und Hans-Joachim Kulenkampf mit seiner Glückswirbel-Show für das Handelsunternehmen Edeka.

Zu den Pionieren kann inzwischen auch Franz Beckenbauer gezählt werden. Noch als Nationalspieler warb er für die Tütensuppen von Knorr. Und schon damals gelang ihm ein legendärer Ausspruch: «Kraft in den Teller, Knorr auf den Tisch». Dem Suppenhersteller als Auftraggeber folgten Mitsubishi Motors, Audi, adidas, Yello Strom, E-Plus, mit dem zweiten, legendären Spruch: «Ja, is' denn heute schon Weihnachten?», dann Erdinger Weißbier, Deutsche Post und O_2.

Der Kaiser, der übrigens mit seinem Namensvetter auch einen gemeinsamen Werbeauftritt für die Hamburg-Mannheimer hatte, war mit seinen zeitweise dreizehn zeitgleichen Werbeverträgen für Casting-Guru und Musikproduzent Dieter Bohlen ein großes Vorbild: «Ich habe nur sechs. Aber er ist eben auch der Kaiser, und ich bin nur der Dieter.» Bohlen stieg mit einem Werbevertrag mit Müller Milch in das Geschäft ein. Als vermeintlicher Vorsitzender einer Spaßpartei konnte er 2003 150 000 « Parteieintritte » vermelden – damit hatte die Molkerei aus dem Stand heraus einen der größten Kundenklubs aufgebaut. Dieter Bohlen unterschrieb in den nächsten Jahren Werbeverträge mit MakroMarkt, S. Oliver, O$_2$, Wiesenhof, Becel, der Deutschen Bahn, Unilever und VHV-Versicherungen. Sein Erfolgsgeheimnis: Bohlen gilt nicht unbedingt als beliebt, fällt jedoch immer auf und – das Wichtigste – ist ohne Zweifel erfolgreich. Und das will die von ihm beworbene Marke auch sein.

Zu Krisenzeiten sollen die Promis der verunsicherten Kundschaft Orientierung und Sicherheit bieten. Das klappt nur dann, wenn ihre Verbindung zum Produkt glaubwürdig ist. Aber auch da bestätigen Ausnahmen die Regel. Verona Pooth, damals Feldbusch, hatte ihren ersten großen Werbeauftritt mit Iglo. Man hört heute noch förmlich ihre piepsende Stimme: « Wann macht er denn endlich blubb ? » Es folgten JVC, Schauma, Schwartau, Smart und Telegate. Diesem Werbespot verdanken wir einen weiteren Klassiker: « Hier werden Sie geholfen. »

Sie garantiert wie Bohlen Aufmerksamkeit – auch bei denen, denen die heutige Frau Pooth seit Jahren auf die Nerven geht. Das ist auch die Geschäftsgrundlage für ihren Werbedeal mit dem Textildiscounter KiK.

Dabei wurde sogar in Kauf genommen, dass hier die Glaubwürdigkeit leiden könnte. Denn wer glaubt ernsthaft, dass Verona Pooth zu Hause in Düsseldorf und beim nächsten Empfang die Billigware von KiK trägt?

Was bekommen Promis eigentlich für die Werbung? Ehrliche Antwort: Das wissen nur sie selbst, ihr Auftraggeber und vielleicht noch ein paar Agenten und Manager. Und wer redet schon gern in aller Öffentlichkeit über sein Einkommen? Die in Zeitungen genannten Zahlen können stimmen, müssen es aber nicht.

Zu den Großverdienern zählt zweifellos auch Thomas Gottschalk. Selbst seinen Gästen im Fernsehen werden Goldbärchen von Haribo vorgesetzt, seinen Durchbruch als Werbestar hatte Gottschalk übrigens 1987 mit McDonald's. Gemeinsam mit seinem Bruder Christoph stand er auch für die Deutsche Post AG bei der Börseneinführung vor der Kamera. Der frühere Wimbledon-Sieger und heutige Poker-Spieler Boris Becker feierte als Werbe-Ikone mit AOL («Bin ich schon drin?») seinen Durchbruch. Becker gilt wie Beckenbauer als Denkmal für die Deutschen. Viele können sich an seine Siege, an die Bilder mit dem rothaarigen Jüngling noch gut erinnern.

Diese Verankerung in den Köpfen verdankte Becker die Werbeverträge mit Coca-Cola, DaimlerChrysler, Deutscher Bank, Nutella, Ford, Lotto, Polaroid, Puma, dem Uhrenhersteller Tag Heuer und dem Poker-Portal PokerStars.

Als teuerste Litfaßsäule der Welt galt viele Jahre Rennfahrer Michael Schumacher. Angeblich hat allein der Ferrari-Werbepartner Marlboro 120 Millionen Mark pro Jahr an das Forme-1-Team gezahlt. Der siebenfache Weltmeister hatte zeitweise zehn persönliche Sponsoren. Schumacher war in Werbespots von Zentis, Tic Tac, Fiat, L'Oreal und Shell zu sehen.

Internationales Flair verbreitete auch Claudia Schiffer, zu sehen in Spots für Citroën, Chanel, E-Plus, Fanta, Fielmann, Guess, Jacobs, L'Oréal, den Otto-Versand, Revlon und Wella. Neueinsteiger sind Anke Engelke (Hannoversche Leben) und Grand-Prix-Gewinnerin Lena (Opel).

Doch was bleibt wirklich haften? Wie heißt nochmal der Baumarkt, in dem Mike Krüger immer einkauft? «Mach dein Ding», fordert er von uns. Aber wo war das nochmal, wo man offenbar ein Ding drehen soll? Und welche Margarine schmiert sich Dieter Bohlen fröhlich auf seine Brötchen? Wer das noch weiß, kann sich immerhin auch gezielt für die Konkurrenz beim Brotaufstrich entscheiden. Sendezeit? Ach, wir vergessen viel zu schnell. Das ist auch der Grund, warum Werbung mit Prominenten aktuell nicht mehr im Trend liegt. Vier von fünf befragten Deutschen wollen keine Prominenten mehr in der Werbung sehen. 76 Prozent von 1500 Befragten nehmen sich fest vor, sich von Prominenten bei der Kaufentscheidung nicht beeinflussen zu lassen. Nur 36 Prozent sind noch der Meinung, dass Spots mit Stars besser im Gedächtnis bleiben, so der Trend in neuen Umfragen.

Bei Mike Krüger wussten zwar 31 Prozent der Befragten noch, dass er für den Hagebaumarkt vor der Kamera stand. Aber jeweils ein Viertel glaubte auch, dass er für Hornbach oder Obi geworben hatte. Und 56 Prozent der Befragten brachten Dieter Bohlen nicht mit der richtigen Margarine-Marke (Becel pro.activ) in Verbindung. Viele konnten sich gar nicht vorstellen, dass Bohlen jemals für Margarine geworben hatte.

Als stärkstes Testimonial, so der Fachbegriff, gilt nach wie vor Thomas Gottschalk. 61 Prozent erinnern sich an ihn und seine Werbung für Gummibärchen.

Q

Qualität – der beste Verkaufsschlager

Werbung als Wissenschaft: Die Werbeindustrie erforscht seit Jahren, mit welchen Worten sich der Verkauf am besten ankurbeln lässt. Das Wort «Qualität» steht dabei auf der Rankingliste der Werbeagenturen auf Platz 1.

Wer Qualität verspricht, macht nichts falsch. Bei einer Untersuchung von über 5000 Slogan-Neueinführungen der letzten Jahre durch das Internetportal slogans.de und das Hamburger Trendbüro kam heraus: Der Anteil der Werbeslogans mit Qualitätsversprechen ist von 9,5 Prozent 2004 auf 28,8 Prozent 2008 angestiegen. Gerade in Zeiten der Krise sind die Kunden dann verführbar, wenn ihnen Nachhaltigkeit und ein solides Preis-Leistungs-Verhältnis versprochen wird. In der Krise rückt man näher zusammen. Deshalb kommen Slogans mit den Worten «wir», «we» oder auch «gemeinsam» ebenfalls gut an. Als Unwörter gelten aktuell in der Werbebranche «Macht» und «ich».

Querparken

Mit einer Außenlänge von nur 2,70 Metern passt der Smart auch quer in eine Parklücke. So kurz ist sonst kein Fahrzeug, deshalb kann nur der Smart quer parken. Ein großer Vorteil bei der quälenden Suche nach einem Parkplatz in den Innenstädten, aber leider nur theoretisch. Denn die entsprechende Werbekampagne der MCC Smart GmbH versprach mehr, als tatsächlich erlaubt ist.

In dem Werbespot des Unternehmens waren gleich drei quer geparkte Smart-Modelle in einer Parklücke abgestellt. Aber – ein weiterer, gewichtiger Vorteil beim Querparken – nur einmal musste Geld in die Parkuhr geworfen werden. Da guckte dann die Politesse ziemlich dumm aus der Wäsche, so die Werbung. Wer einen Smart kauft, leuchtet also gleich zweimal als Vorbild: Er spart Parkraum und Geld. Doch zuerst in München und dann auch in anderen Städten kassierten Smart-Querparker Knöllchen. Vorwurf der Ordnungsämter: Querparker sind Falschparker.

Denn die Werbestrategen von Smart hatten die Straßenverkehrsordnung nicht gründlich genug gelesen. Nach Paragraph 12 der StVO darf nur in Fahrtrichtung geparkt werden. Die Blinker müssen vorn und die Rücklichter müssen hinten sein, auch beim Parken. Außerdem müssen die Reflektoren an den Seiten für die übrigen Verkehrsteilnehmer sichtbar sein, bei einem quer geparkten Fahrzeug ist das aber nicht möglich. Querparken ist in Deutschland verboten, bekräftigte sogar die Innenministerkonferenz. Eine Änderung der StVO wurde abgelehnt. Denn es wäre eine «Lex Smart» gewesen, eine Gesetzesänderung nur für ein bestimmtes Fahrzeugmodell, die sicherlich juristisch anfechtbar gewesen wäre. Klein schützt eben nicht immer vor Strafe. Der Hersteller verzichtete auf weitere Werbemaßnahmen für das Querparken.

R

Reinheitsgebot

Siegel, die nichts bedeuten. Versprechen, die nicht eingehalten werden. Vorschriften, die jederzeit ausgetrickst werden können. Bange Frage in diesem trüben Zusammenhang: Gilt denn das gute alte deutsche Reinheitsgebot für Bier noch? Antwort: Im Prinzip ja. Aber nicht für jedes Bier. Das Reinheitsgebot hatte der bayerische Herzog Wilhelm IV. im Jahre 1516 erlassen: Wasser, Gerstenmalz und Hopfen – was anderes darf nicht rein.

Aber damals gab es eben auch noch keine EU, und die setzte sich fünfhundert Jahre später mit einer Klage durch. Seit 1987 darf in Deutschland auch Bier verkauft werden, das nicht dem Reinheitsgebot entspricht.

Die alten Vorschriften gelten nur noch für Bier, dass in Deutschland ausschließlich für den deutschen Markt hergestellt wird. Bei Bier aus Deutschland für das Ausland besteht das Reinheitsgebot nicht, und für «besondere Biere» können deutsche Brauereien eine Ausnahmegenehmigung erhalten. Das Reinheitsgebot ist aufgeweicht.

S

Schwarzwälder Schinken

Zwischen der Schwarzwälder Kirschtorte und dem Schwarzwälder Schinken macht nicht nur der Geschmack den Unterschied aus: Die Torte, deren wahre Herkunft wahrscheinlich in der Schweiz liegt, kann auf der ganzen Welt gebacken werden. Nur das Rezept ist in den «Leitsätzen für feine Backwaren» staatlich geregelt. Das Kirschwasser in der Torte muss beispielsweise «geschmacklich deutlich wahrnehmbar» sein. Beim «Schwarzwälder Schinken» handelt es sich dagegen um eine geschützte geografische Angabe der EU. Der Schinken darf nur im Schwarzwald geräuchert werden, die armen Schweine dagegen sind auch als Zugereiste willkommen.

T

Tabakwerbung

«Ich rauche gern», sagt die junge Frau im Bett, die Fluppe zwar in der Hand, aber noch nicht angezündet. Bei der Berliner Feuerwehr löste dieses Plakat der Reemtsma-Marke R1 Alarm aus: «Wer im Bett raucht, darf sich nicht wundern, wenn die Asche, die runterfällt, die eigene ist.» Doch auch die Marketingabteilung des Zigarettenherstellers bewies Formulierungskünste: «Das Foto zeigt eine Morgenstimmung, keine Abendszene. Die junge Frau geht erkennbar nicht zu Bett und wird nicht mehr einschlafen, sondern raucht noch eine Zigarette, bevor der Tag beginnt.» Frühmorgens die erste Fluppe? Das ist im Leben einer jungen Frau womöglich nicht die beste Entscheidung, und auch als Ausrede taugte es nichts. Reemtsma zog das Plakat letztendlich zurück.

Harmloser erscheint da die junge Frau im Cocktailkleid, die sich mit einer angezündeten Zigarette bäuchlings auf dem Sofa räkelt und so zufrieden, ganz entspannt, aussieht. «Slow down. Pleasure up» hieß dieses Werbemotiv von Camel. Aber die junge Frau war zu jung. In der Tabakwerbung dürfen nämlich nur Personen gezeigt werden, denen man ansieht, dass sie älter als 30 Jahre sind. Eine der ganz wenigen Fälle in der Geschichte der Werbung, in der Jugend plötzlich verpönt ist. Bevor die Sache vor Gericht kam, gab der Zigarettenhersteller eine Unterlassungserklärung ab.

Keine andere Werbung wird so kritisch verfolgt wie die für Zigaretten. Und für keine andere Werbung gibt es so strenge Richtlinien: Bereits seit 1975 darf in Radio und Fernsehen keine Zigarettenwerbung mehr ausgestrahlt werden, seit 2007 ist die Werbung auch in allen Zeitungen, Zeitschriften und im Internet verboten. In den Kinos dürfen die Spots erst nach 18 Uhr gezeigt werden. Seit 2003 müssen auf den Zigarettenpackungen Warnhinweise abgedruckt werden. Die Tabakindustrie darf in Anzeigen und auf Plakaten keine Inhalte zeigen, die «typisch für die Welt der Jugendlichen» sind. Die Models in der Werbung müssen, wie gesagt, nachweislich älter als 30 Jahre sein. Ebenfalls seit 2007 ist in der Formel 1 Tabakwerbung nicht mehr erlaubt. Bei McLaren-Mercedes heißt der Nachfolge-Sponsor von West übrigens Johnnie Walker.

Damit nicht genug. Der Bundesverband Deutscher Tabakwaren-Großhändler und die Automatenhersteller haben sich verpflichtet, im Sichtbereich von 50 Metern um Schulen und Jugendzentren keine Zigarettenautomaten aufzustellen und bei Plakatwerbung einen Mindestabstand von 100 Metern einzuhalten.

Im Ranking der wichtigsten Branchen ist Zigarettenwerbung inzwischen auf Platz 40 abgerutscht. Tendenz: weiter fallend.

Tafelwasser

Die Tafel ist festlich gedeckt, fehlt nur noch das passende Getränk: selbstverständlich etwas Besonderes – Tafelwasser. Und kein schnödes Mineralwasser. Doch hier droht einmal mehr eine Täuschung durch eine geschickte Namenswahl. Tafelwasser muss nach dem Lebensmittelrecht nicht aus einer Wasserquelle in der Natur kommen. Es ist eine Mischung aus Leitungswasser und anderen Zutaten wie Salz- und Mineralwasser.

Mineralwasser muss dagegen laut Gesetz aus einem unterirdischen Wasservorkommen stammen, Chemie ist verboten, nur Eisen und Schwefel dürfen herausgefiltert werden. Bei Sodawasser handelt es sich um Tafelwasser mit Natriumhydrogencarbonat und Kohlendioxid. Wasser zu verkaufen ist eine der einfachsten und erfolgreichsten Geschäftsideen, die man sich vorstellen kann. Der weltweite Umsatz der Getränkeindustrie mit dem Verkauf von Wasser beträgt jährlich rund 30 Milliarden Euro.

Testurteile

Von der Stiftung Warentest empfohlen – solche Testurteile helfen beim Verkauf und werden bei den Herstellern deshalb immer beliebter. Um Missbrauch einzudämmen, gibt es einige Regeln: So dürfen nicht allein die günstigen Aussagen zu dem Produkt genannt werden, wenn es auch negative gibt. Die Untersuchung darf auch nicht uralt und etwa durch einen neuen Test völlig überholt sein. Deshalb soll das Veröffentlichungsdatum des Testurteils in der Anzeige genannt werden. Und selbstverständlich darf das Produkt zwischenzeitlich nicht heimlich geändert werden. Damit «Gut» auch gut bleibt.

U

Unbehandelte Zitrone

Hier lauert das nächste Täuschungsmanöver der Werbeindustrie, diesmal von der Abteilung Bio: Unbehandelt heißt nicht, dass die Zitrone auch unbelastet durch Pestizide ist. Dieser Begriff sagt nur aus, dass die Zitrone nach der Ernte nicht mehr konserviert oder gewachst wurde. Aber eben erst nach der Ernte … Da wird also tatsächlich mit Zitronen gehandelt.

Deshalb raten Gesundheitsexperten auch davon ab, mit den Schalen von Zitronen Gläser zu dekorieren.

V

Vollwert

Beim Einkauf sollte «Vollwert» nicht mit «Vollkorn» verwechselt werden.

Bei «Vollkorn» müssen mindestens 90 Prozent Vollkorngetreide enthalten sein.

«Vollwert» ist dagegen ein leeres Versprechen, das den Hersteller zu nichts verpflichtet.

Verpackungsschwindel

Harmonisierung. Ein schönes Wort, vermittelt Frieden, im Hinterkopf erklingt ein Streichkonzert. Doch insgeheim läuft wieder das große Täuschungsmanöver ab. Und am Ende ist das eigene Leben keineswegs harmonischer geworden, sondern noch anstrengender, gepaart mit einem noch größeren Misstrauen. Die EU spricht gern von Harmonisierung. Dann müssen wieder mal nationale Vorschriften angepasst werden. Dabei setzen sich aber nicht unbedingt die Vorschriften durch, die den Verbraucher davor schützen, übers Ohr gehauen zu werden. So war es neulich auch bei den Verpackungsgrößen.

Bis Mitte 2009 schrieben nationale Gesetze vor, in welchen Packungsgrößen Kaffee, Mehl, Waschpulver oder Shampoo verkauft wurde. Für genau 77 Artikel gab es diese eindeutigen Normen. Seit dem Wegfall herrscht im Supermarkt Anarchie. Plötzlich wiegt die Tafel Schokolade nur noch 95 Gramm, es gibt Kartons mit 900 Milliliter Milch, und der Frischkäse wiegt bei näherer Betrachtungsweise statt 200 nur noch 176 Gramm. Aber die Preise blieben gleich. Weniger Inhalt für das gleiche Geld – die Preisdifferenz kann erstaunlich hoch sein. Die Pflicht zur Auszeichnung des Grundpreises (siehe Eintrag Grundpreis) hilft da wenig. Die Hersteller machen es sich mit ihren Ausreden ziemlich leicht: längst notwendige Preisanpassungen, eine bessere Qualität, gestiegene Rohstoffpreise – das Übliche also.

W

Werbekosten

Bei der Fußball-Weltmeisterschaft 2010 hat am Ende nicht nur die deutsche Nationalmannschaft den Titel verpasst, auch bei ARD und ZDF waren in der ersten Reihe die Mienen betrübt. Denn ein Werbespot mit 30 Sekunden Länge hätte im Finale und auch davor im Halbfinale eine neue Rekordsumme eingebracht. Dummerweise wurden genau diese Spiele erst nach 20 Uhr ausgetragen, und dann dürfen bei den öffentlich-rechtlichen Sendern keine Werbespots mehr laufen. Dennoch sorgte die WM neben den Gebühren ihrer Zuschauer für erkleckliche Einnahmen bei ARD und ZDF. 30 Sekunden Werbung in der Halbzeitpause des Achtelfinalspiels des deutschen Teams kosteten brutto 258 000 Euro. Ohne Mitwirkung von Özil und Co brachte ein Werbespot bei den anderen Achtelfinalspielen jeweils 75 000 Euro.

Wie viel kostet Fernsehwerbung? Das hängt ganz davon ab, wann sie gezeigt wird. Ein Werbespot in der «Prime Time» (20.15 bis 22.15 Uhr) mit einem hohen Anteil an Zuschauern in der werberelevanten Altersgruppe zwischen 14 und 49 Jahren kostet ungleich mehr als der Spot, der nach Mitternacht gezeigt wird. Zuschauer ab einem Lebensalter von 50 sind für die meisten Unternehmen uninteressant, weil sie nach bisheriger Mehrheitsmeinung zu sehr in ihrem Konsumverhalten festgelegt sind und nur noch schwer für andere, neue Produkte zu gewinnen sind.

30 Sekunden Werbung in der ersten Werbeunterbrechung von «Wer wird Millionär?» kosten ungefähr 60 000 Euro, bei «Dr. House» im RTL-Programm sind es rund 80 000 Euro. Bei der Übertragung eines Formel-1-Rennens müssen für die 30 Sekunden etwa 150 000 Euro an den Sender überwiesen werden. Die Tiefpreise liegen bei etwa 700 Euro – nachts um drei Uhr. Bei der ARD beträgt der durchschnittliche Preis für den 30-Sekunden-Spot von Montag bis Freitag fast 16 000 Euro.

Doch das ist nur ein Bruchteil der Kosten, die Unternehmen tatsächlich für Fernsehwerbung aufbringen müssen. Denn der Spot muss ja überhaupt erst einmal hergestellt werden – unter mindestens 40 000 Euro ist dies kaum möglich. Dazu kommen die Honorare für Schauspieler und Musikrechte. Der ganze Aufwand lohnt sich selbstverständlich nicht für eine einmalige Ausstrahlung. Bis zu 200 Mal ist ein Werbespot zu sehen – entsprechend summieren sich die Kosten für die Buchung bei den verschiedenen Sendern.

Dennoch ist Fernsehwerbung bei uns längst nicht so teuer wie in den USA. Dort kosten während des Endspiels der National Football League einmal 30 Sekunden gleich drei Millionen Dollar. Den Spot während des «Super Bowl» sehen dann allerdings auch mehr als 100 Millionen Zuschauer vor den Bildschirmen.

Werberat

Die junge Frau hat rote Haare und ist unbekleidet. Auf allen vieren kriecht sie nackt durch eine Betonröhre. «Jäger stehen drauf, Füchse sowieso», heißt es im Text der Anzeige in der Fachzeitschrift «Wild und Hund». Ziemlich merkwürdig, ziemlich sexistisch. Dem Hersteller des künstlichen Fuchsbaus sind bei der Gestaltung der Anzeige eindeutig die Pferde durchgegangen. Wie auch dem Schutzblech-Hersteller aus Bremen, der mit dem Bild einer leicht bekleideten Frau von hinten mit dem Slogan wirbt: «Was Hartes für hinten». Fälle wie diese landen vor dem Deutschen Werberat in Berlin. Denn wer sich oder seine Kinder durch Werbung geschockt, diskriminiert oder beleidigt sieht, kann sich dort beschweren. Seit der Gründung des Werberates im Jahr 1972 sind über 16 000 Proteste eingegangen.

Nach der Bilanz des Werberates haben daraufhin die Werber in 2430 Fällen ihre Botschaften in Wort oder Bild geändert. Das entspricht immerhin einer Durchsetzungsquote von 96 Prozent. In 99 Fällen sprach der Werberat «öffentliche Rügen» aus, weil die Firmen uneinsichtig blieben. Die Rüge wird in Form einer Pressemitteilung mit Nennung des Firmennamens und Firmensitzes ausgesprochen, rechtlich durchsetzen kann der Werberat die Korrektur der Werbung allerdings nicht.

So blieb auch der Bremer Schutzblech-Hersteller uneinsichtig. «Was Hartes für hinten» – der Slogan solle ausschließlich die Beschaffenheit des neuen Schutzblechs verdeutlichen, das eben härter und widerstandsfähiger sei als andere Produkte. Die Rückenansicht der Frau stehe «in einem direkten Zusammenhang» mit dem neuen Schutzblech. Es blieb also eine schmutzige Sache.

Anders als bei der Reinigungskette, die auf Plakaten mit einem Kleinkind geworben hatte, das in einer geöffneten Waschmaschinentrommel spielt.

Zur Nachahmung sicherlich nicht empfohlen und damit ein gefährliches Vorbild, erkannte der Werberat und konnte das Abhängen der Plakate erreichen. Ärger bekam auch der Automatenhersteller, der Todesanzeigen an ahnungslose Mitbürger verschickt hatte. Auf diese Art und Weise vom «Ableben eines Kaffeefilters» zu erfahren, fanden einige Adressaten der gefakten Todesanzeige gar nicht witzig.

Vom Anzeigenmarkt verschwand auch das Bildmotiv mit einem nackten Mann ohne Kopf, das sich die Marketingstrategen einer Verleihfirma für Nutzfahrzeuge ausgedacht hatten. Der nackte Mann hielt vor dem Unterleib ein Schild mit dem Spruch: «Wenn's mal auf die Größe ankommt». Bei einem Drittel der Beschwerden ging es um den Vorwurf, die Werbung sei für Frauen diskriminierend. An zweiter Stelle steht die Verherrlichung oder Verharmlosung von Gewalt, gefolgt von der Gefährdung für Kinder oder Jugendliche und der Verletzung von religiösen Gefühlen. Erstaunlich, dass nicht etwa die Lebensmittel-Werbung mit ihrem Kennzeichnungs-Chaos, sondern die Eigenwerbung von Medien für die meisten Proteste sorgte.

Es gibt auch Fälle, in denen Werber völlig unschuldig sind und einzelne Konsumenten irgendwie etwas falsch verstanden haben. So traf wegen der Comic-Kuh Paula aus der Pudding-Werbung ein Protestbrief ein. Der Beschwerdeführer führte aus: Die Verwendung eines Frauennamens für eine Kuh sei diskriminierend, vor allem, weil es auch in seiner Familie eine «Paula» gebe.

In einer anderen Beschwerde ging es um die politische Gesinnung der Würstchenhersteller von Deutschländer. In dem Werbespot von Meica heißt es ja wörtlich: «Knackig wie Wiener, würzig wie Frankfurter» und das kam diesem Beschwerdeführer politisch nicht korrekt vor. Wien liege nicht in Deutschland, deshalb schaffe die «gleichrangige Aufzählung» der Städte eine inakzeptable Nähe zur nationalsozialistischen Einverleibung Österreichs.

Scharf geschossen also, doch der Werberat hisste schnell die weiße Fahne: Mit Wiener sei die Wurstsorte gemeint und nicht die Stadt.

X

Der drittletzte Buchstabe des Alphabets wird im Allgemeinen eher stiefmütterlich behandelt. Nach einer Studie taucht der Buchstabe X in deutschen Texten nur mit einer Häufigkeit von 0,03 Prozent auf. Ganz anders in der Werbesprache: Immer, wenn es besonders geheimnisvoll und spannend sein soll, wird von den Werbemachern gern ein X herbeigezerrt. Wie bei dem Getränk Mixery der Karlsberg Brauerei. Ein Gemisch aus Cola und Bier und einem laut Herstellerangaben zusätzlichen Aroma, das als «X» bezeichnet wird und den Unterschied zu anderen Cola-Bier-Sorten ausmachen soll. Die jungen Konsumenten werden als «Generation X» bezeichnet, nach dem Titel des 1991 erschienenen Romans des Kanadiers Douglas Coupland. «X-mas» als Abkürzung für Weihnachten ist bereits Bestandteil der Alltagssprache, zum Leidweisen des Vereins Deutsche Sprache, der «X-mas» bereits 2008 als «überflüssigstes Wort des Jahres» gebrandmarkt hatte. Auch Fernsehmacher wollen häufig durch ein X für Spannung sorgen: X-Factor, Terra X, Akte X laufen in den Programmen zum x-ten Mal.

Y

Yellow Press

Der Oberbegriff für die vielen bunten Magazine mit A-, B-, C- oder D-Promis und dem entsprechenden Anzeigenaufkommen kommt aus den USA. Am 16. Februar 1896 erschienen in der Sonntagsbeilage der «New York World» die gezeichneten

Abenteuer eines Lausbuben im langen, gelben Nachthemd. Die Zeichenfigur trug den Namen «The Yellow Kid».

Die gelbe Farbe wurde später auf der gesamten Unterhaltungsseite der «New York World» getestet. So entstand «Yellow Press» als Bezeichnung für Klatschmagazine. Der Lausbub im gelben Nachthemd gilt heute als weltweit erste Comicfigur. Dieser Ruhm wird allerdings zu Recht auch dem deutschen Dichter und Zeichner Wilhelm Busch zugeschrieben.

Z

Zement-Ceramid-Komplex

Merkwürdig, was man sich heutzutage alles in die Haare schmieren soll. L'Oréal empfiehlt «für stark beanspruchtes, geschädigtes Haar: Zement-Ceramid». Warum? Zement in die Haare, wo soll der Vorteil liegen?

Klar, der Absatz aller Produkte zum Waschen und Wiederherstellen von Glanz und Geschmeidigkeit würde schlagartig steigen, wenn sich zuvor möglichst viele Bundesbürger haufenweise Zement aus dem Baumarkt auf die Köpfe schütten. Wir ahnen, dass natürlich etwas ganz anderes gemeint ist. Durch ständiges Färben und Stylen, vom Hersteller zuvor pausenlos propagiert, verliere das Haar nämlich seine Kitt-Substanz, offenbar verantwortlich für eine intakte Haarstruktur und Widerstandskraft. Und da kann offenbar nur noch Zement helfen, so schlimm ist das.

«Der neue Zement-Ceramid-Komplex enthält die Nachbildung dieser natürlichen Kitt-Substanz», führt der Hersteller weiter aus. Zement, wenn das Kitten nicht mehr klappt?

Die segensreiche Wirkung von Zement für die Kopfbehaarung ist im Baumarkt höchstwahrscheinlich vom Verkaufspersonal noch nicht angesprochen worden, vielleicht sollte man das mal tun und sich schon vorab auf die blöden Gesichter freuen.

Der frei zugänglichen Wissenschaft war jedenfalls Zement-Ceramid bisher völlig unbekannt. Zement wird eindeutig als «Bindemittel für Mörtel und Beton» definiert, und zwar auf der gesamten Welt. Eine wie auch immer zustande gekommene Verbindung zum Kopfhaar gab es bisher nur durch die Bemerkung, es handele sich wohl um eine Betonfrisur, wenn eindeutig zu viel Haarspray aufgetragen ist. Wer aber wünscht sich ernsthaft eine Betonfrisur? Im Haar gibt es zwar laut Fachliteratur tatsächlich eine Kitt-Substanz, diese ist ein Zellmembrankomplex. Fängt zwar auch mit Z an, doch das ist auch schon die einzige Verbindung mit Zement.

«Gesund strahlendes Haar, ohne Beschwerden» durch Zement – auf weiter gehende Erklärungsversuche kann man sich schon mal freuen.

25 Prozent auf alles ohne Stecker

Noch nie war der Ruf von Politikern so schlecht wie heute. Mit seiner Initiative «Ärmel hoch» will sich die Baumarktkette Praktiker diese schlechte Stimmung in weiten Teilen der Bevölkerung zunutze machen. «Weil nur reden in diesen Zeiten keine Lösung ist. Wir handeln» steht auf Plakaten und in Anzeigen der Kette. Endlich welche, die nicht rumlabern, sondern was tun – der merkwürdige Ausflug eines Baumarktes in die große Politik, übrigens mit blau-gelber Farbgestaltung. Das weitere Lesen der Anzeige löst allerdings bei mir sofort schwere Begeisterung aus, denn Praktiker lockt mit einem geradezu sensationellen Schnäppchen. Die 241 Filialen bieten zwei Tage lang einen Preisnachlass von 25 Prozent an. Und zwar «auf alles, was keinen Stecker hat». Also etwa auf Tapeten, Farben oder Holz. Reduzierung des Preises um ein Viertel, das ist wirklich günstig. Ich wollte mir ohnehin in diesen Tagen eine Bohrmaschine kaufen. Kostet bei Praktiker eigentlich 39,99 Euro – und hat einen Stecker. Noch, denn das kann man ändern.

Gleich am nächsten Morgen schlüpfe ich in meine Lieblingskleidung für derartige Anlässe: grünes Karohemd und grüne Latzhose, auch bei dem Besuch eines Baumarktes achte ich gern auf ein farblich abgestimmtes Erscheinungsbild. Dazu die schwarzen Arbeitsschuhe, die ich noch nie gebraucht habe, aber einen professionellen Eindruck hinterlassen, um von Anfang an mit der notwendigen Kompetenz bedient zu werden. Für den Kauf wähle ich die Filiale 117 aus, dort kennt man mich noch nicht.

Die Bohrmaschine für den Heimgebrauch aus dem Angebot

finde ich auf Anhieb: 39,99 Euro, rot und elektrisch, also mit Stecker. Da sich der angebotene Preisnachlass von 25 Prozent auf alle Artikel ohne Stecker bezieht, muss in diesem Fall also zuerst der Stecker entfernt werden, um dieses tolle Angebot nutzen zu können. Kein Problem. Im bestens bestückten Sortiment entdecke ich im übernächsten Gang einen XL-Bolzenschneider, scharf und vor Ort einsetzbar. Der Stecker der Bohrmaschine ist mit einem Schnitt abgetrennt, dies spricht für eine hervorragende Qualität des Bolzenschneiders, den ich leider zurücklassen muss.

Der Stecker ist entfernt, ich bin bereit für 25 Prozent Rabatt. Mit der Bohrmaschine in der einen und dem Stecker in der anderen Hand nähere ich mich dem Kassenbereich. Folgende Fragen stellen sich in dieser Situation: Wird meine Vorgehensweise sofort akzeptiert, oder gibt es wieder mal Ärger? Kann ich den Stecker trotzdem mitnehmen, oder ist dann der Rabatt futsch? Gibt es Tipps, wie der Stecker nach dem Kauf ohne Gesundheitsrisiko bei der späteren Benutzung der Bohrmaschine wieder angebracht werden kann?

Alle Fragen lösen sich in Luft auf, als die Kassiererin mit einem sehr strengen Blick ihre erste stellt: «Wieso ist kein Stecker dran?»

«Den habe ich abgeschnitten, um die 25 Prozent Rabatt zu bekommen», lautet meine sachlich einwandfreie Antwort.

«Bekommen Sie nicht», sagt die Kassiererin und schüttelt zweimal mit dem Kopf. Ich weise mit Nachdruck auf die aktuelle Werbung hin, sie greift zum Haustelefon. Ein grimmiger, um die 30 Jahre alter Kollege erscheint, vermutlich der Abteilungs- oder sogar Filialleiter. Leider stellt er sich nicht weiter vor. Das ist bedauerlich, denn auch in einem Baumarkt sollte es doch Zeit und Platz für Höflichkeit geben. Schließlich wurde der Kunde doch mit diesem 25-Prozent-Angebot hergelockt. Sein erster Satz lautet vielmehr: «Wer hat das abgeschnitten?» Eine ziemlich blöde Frage, der Übeltäter steht doch vor ihm und bekennt sich sofort: «Ich.»

Ohne weitere Worte und damit beständig unhöflich, dreht er sich um und telefoniert. Alles kann ich nicht verstehen, aber einmal fällt das Wort Beschädigung. Eine derartige Beschreibung meiner Vorgehensweise in diesem Baumarkt ist eindeutig zu kurz geraten, deswegen platze ich dazwischen: «Wegen der Rabattaktion bin ich hier. Nicht wegen Beschädigung.» Er legt auf und nimmt sich endlich etwas mehr Zeit für ein Gespräch mit seinem Kunden: «Sie haben es ja abgeschnitten, warum beschädigen Sie meine Ware?» Er will es anscheinend nicht verstehen: «Ohne Stecker bekommt man doch die 25 Prozent.» Es sei unmöglich, ohne Beschädigung diesen Rabatt zu bekommen, darüber solle er doch mal nachdenken, setze ich hinzu. Sein Handy klingelt, vermutlich der gleiche Gesprächspartner wie eben, der Ober-Boss. Dieses Mal kann ich alles verstehen: «Kommen Sie mal. Ein Kunde hat den Stecker abgeschnitten, weil er die 25 Prozent haben möchte. Und rufen Sie gleich bitte die Polizei.» Polizei!!? Warum, bloß weil ich die Werbung beim Wort genommen habe? Da können sich die Polizisten gleich auf einen schwer zu lösenden Fall einstellen. Zunächst aber erscheint der Ober-Boss. Auch er legt keinen Wert auf gute Manieren, stellt sich nicht vor und beschimpft ohne Vorwarnung den Kunden – mich. Ich wage schon gar nicht mehr danach zu fragen, ob ich nun den abgeschnittenen Stecker nun mitnehmen darf oder nicht.

Wir einigen uns schließlich so: Ich zahle den vollen Kaufpreis und scheide dadurch aus dem Kreis der Rabattberechtigten aus. Im Gegenzug wird auf das Einschalten der Polizei verzichtet. Persönlicher Zusatz: Ich werde die Filiale wechseln und woanders mein Glück versuchen.

Ich entscheide mich für Filiale 120, die in Osnabrück liegt. Dieses Mal vergewissere ich mich vorher, ob die Werbeaktion noch gilt. Ein so um die 50 Jahre alter Mitarbeiter packt gerade Kartons mit Schrauben aus, als ich ihn anspreche:

«Gilt denn noch die Aktion mit den 25 Prozent?» Antwort, wie erhofft: «Alles, was keinen Stecker hat.» – «Alles, was keinen Stecker hat?», wiederhole ich ausdrücklich. «Ja», bestätigt er. «Darauf kann man sich auch verlassen? Alles, was keinen Stecker hat», frage ich noch einmal nach. «Ja!»

Eine – wenn zurzeit auch nicht funktionierende – Bohrmaschine habe ich schon, deshalb entscheide ich mich in dieser Filiale für eine Kabeltrommel für 19,99 Euro. Zum Abtrennen des Steckers dient eine handliche Eisensäge, die im nächsten Regal liegt. Es ist grundsätzlich zu begrüßen, wenn es dem Kunden so einfach gemacht wird wie hier.

Mit der Kabeltrommel ohne Stecker marschiere ich zu dem Mitarbeiter, den ich eben noch zur Gültigkeit der Werbeaktion befragt hatte. «Ich habe jetzt den Stecker abgesägt, um die 25 Prozent zu bekommen», kläre ich ihn auf. Doch offenbar ist es erneut zu einem Missverständnis gekommen.

«Das ist doch nicht Ihr Ernst», stößt er hervor und reißt dabei seine Augen weit auf. «Sie sagten doch: ohne Stecker 25 Prozent», erinnere ich ihn an die eigenen Worte. Wieder mal wird mit der Geschäftsleitung gedroht, wieder einmal ist erstaunlich, wie schlecht die Mitarbeiter der Baumarktkette mit der Werbekampagne ihres Unternehmens und den Möglichkeiten, die sich der Kundschaft dadurch bieten, vertraut sind. Enttäuscht verlasse ich die Filiale und lasse dieses Mal Säge und Stecker kommentarlos zurück. Die Säge sägt ja ohnehin nicht mehr. Die Werbeaktion ist auf zwei Tage befristet. Vielleicht, damit nicht noch mehr auf die Idee kommen, sie beim Wort zu nehmen. Ich jedenfalls kann auch am zweiten Tag nicht widerstehen und suche die Filiale 181 auf. Dort entdecke ich eine schicke Tischleuchte für 14,49 Euro. Leider noch zu teuer, ohne Stecker wäre es weitaus billiger. Um bloß nichts wieder falsch zu machen, wende ich mich mit der Stehtischlampe und einem Seitenschneider, der fast daneben lag, an eine Mitarbeiterin. Mitte 30, blond. «Gilt dieses Angebot noch mit 25 Prozent für alles ohne Stecker?», will ich von ihr wissen. «Ja, aber hier ist ja ein Stecker dran, das sehen Sie ja.» Mein Vorschlag: «Ja, deswegen wollte ich den abschneiden.» Ihre Antwort gleicht einer Drohung: «Dann dreh ich Ihnen den Hals um.»

«Wieso?», will ich wissen.

Sie kommt nicht mehr dazu, den Dialog mit mir fortzusetzen. Denn ich zeige ihr, dass ich es ernst meine, und trenne den Stecker der Lampe mit Hilfe des Seitenschneiders im Bruchteil einer Sekunde ab. Übung macht auch hier den Meister. Ich halte ihr den Stecker hin: «Soll ich den hierlassen?» Sie sieht mich völlig entgeistert an, schnappt sich Stecker und Lampe und geht ganz schnell in Richtung Info-Tresen. Will sie den Rabatt etwa persönlich ausrechnen? Oder droht schon wieder Ärger?

Ein Kollege von ihr erscheint, das deutet auf Letzteres hin. «Nicht Ihr Ernst, oder?», fragt er mich. «Das hat er vor meinen Augen abgeschnitten», mischt sich die Verkäuferin ein, ohne mich zu Wort kommen zu lassen. «Er hat es wirklich abgeschnitten. Ich habe es gesehen, ich war dabei», bietet sie ihre weitere Zeugenaussage an. Dabei würde ich nie bestreiten, dass ich es war, der den Stecker abgeschnitten hat. Für ein paar Prozent bin ich als Kunde gern bereit, mich ins Zeug zu legen und bereits im Baumarkt, noch vor dem Erwerb, handwerklich aktiv zu werden.

Die Stimmungsmache gegen den Kunden, also mich, zeigt bei ihrem Kollegen leider schnell Wirkung. «Sie können doch nicht einfach einen Stecker abmachen, damit Sie Ihre Prozente kriegen.» Doch, kann ich durchaus. «Also selbst wenn ich das im

Fernsehen sehen würde, würde ich es nicht glauben», schimpft der Kollege und will zum Haustelefon greifen, vermutlich, um wieder mal einen Ober-Boss der Baumarktkette anzurufen. Entweder voller Betrag oder Polizei – schon wieder stehe ich vor dieser Alternative. Ich bin maßlos enttäuscht und lasse Lampe und Stecker liegen.

Gescheitert? Wieder alles falsch verstanden? Ich kann sehr hartnäckig sein und trenne eine Stunde vor Feierabend und damit vor Ablauf der zweitägigen Werbeaktion mit nun schon routinierten Griffen und einem Seitenschneider in der nächsten Filiale von einer Leuchtröhre für 9,99 Euro den Stecker ab. Der erste Kundenberater in der Filiale 220 ist sprachlos, der zweite wirft mir wieder «mutwillige Zerstörung» vor, der dritte ist der Marktleiter und gibt mir Recht! «Von der Logik ist das ja auch korrekt, was Sie machen», sagt dieser Filialchef. Damit hatte ich schon nicht mehr gerechnet. Und was ist mit den 25 Prozent? «Da sehe ich kein Problem», sagt er.

Eine Einzelentscheidung? Oder hat das Unternehmen endlich kapiert, dass bei einer Inanspruchnahme des Werbeversprechens eine Sachbeschädigung an den Produkten mit Stecker unumgänglich ist? Kurz vor Feierabend im Baumarkt bekomme ich jedenfalls einen Nachlass von 25 Prozent auf den Preis für die Leuchtröhre und darf den abgeschnittenen Stecker sogar mitnehmen. Zur Nachahmung dennoch nicht zu empfehlen: Die Aktion läuft nicht mehr, und die Leuchtröhre leuchtet nicht mehr.

Sammel dich dick

Seit Fußball-Weltmeisterschaften regelmäßig zum Sommermärchen verklärt werden, ist auch beim Zuschauen sportliche Kleidung Pflicht, sonst droht beim Public Viewing, beim gemeinsamen Mitfiebern in der Firma oder bei Freunden das sportliche Abseits. Ohne schwarz-rot-gelbe Schminke im Gesicht, Deutschland-Fähnchen in der Hand und Nationaltrikot über dem Bierbauch gilt der gewöhnliche Zuschauer schnell als langweilig. Wer will das schon? Kaum wird gegen den Ball getreten, schon hagelt es Prämien, um beim sportlichen Outfit nachbessern zu können. Wer ganz viel Bier trinkt, bekommt ein Trikot. Unmengen von Kartoffelchips nähren die Hoffnung auf einen WM-Strampler, und der Kauf von 47 Kilo Nutella sorgt sogar für Trainingshose und T-Shirt.

Im Vorfeld der Fußball-Weltmeisterschaft entscheide ich mich für die neue «Just sports»-Kollektion von adidas, die Punkte befinden sich auf 17 verschiedenen Produkten von Ferrero. Wer eine Kapuzenjacke als Prämie haben möchte, müsste beispielsweise 200 Überraschungs-Eier erwerben. Für einen Volleyball müssen 150 Milchschnitten verputzt werden. Ich entscheide mich für Nutella.

Um die gewünschte Trainingshose und das T-Shirt zu bekommen, benötigt man zusammen 210 Punkte. Pro Glas gibt es zwei Punkte. Dadurch sind also 105 Gläser Nutella erforderlich. Das ist mehr, als im Regal eines Supermarktes stehen. Erst nach dem Einkauf in drei Märkten und verblüfften Blicken der Kassiererin habe ich die erforderliche Menge zusammen. Selbstverständlich ist bereits jetzt absehbar, dass der normale Erwerb einer Trainingshose und des T-Shirts billiger wäre als der Kauf von 105 Gläsern Nutella. Ein Glas kostet aktuell 2,99 Euro, zusammengerechnet betragen meine Investitionen 313,98 Euro.

Wohin mit der Menge? Der Kühlschrank – zu klein. Küchentisch – möglich, aber zum Schmieren von Nutella-Broten bleibt dann kein Platz mehr. Bis heute, ein Jahr nach der Fußball-Weltmeisterschaft, verfüge ich über 81 Nutella-Gläser. Mehr als höchstens zwei Gläser pro Monat sind auch bei der Beteiligung von zwei Kindern beim Verzehr nicht zu schaffen. Und auch dies gelingt nur bei ständigen Drohungen, dass es erst etwas anderes zu essen gibt, wenn täglich durchschnittlich vier Scheiben Brot mit dem Schoko-Aufstrich gegessen werden. Das Ausschneiden der Prämienpunkte und das Aufkleben auf die Teilnahmekarten nehmen einen kompletten Arbeitstag von acht Stunden in Anspruch. Denn die Punkte sind nicht größer als zehn Zentimeter, eine Filigranarbeit, bei der immer wieder wertvolle Punkte an den Fingern kleben bleiben. Punkt für Punkt muss ausgeschnitten und aufgeklebt werden. Erst die 80 Punkte für das T-Shirt, dann noch einmal 130 Punkte für die Trainingshose. Vierzehn Tage später, während der WM, bekomme ich ein Paket mit dem T-Shirt. Die Trainingshose trifft erst eine Woche später ein.

Meine persönliche WM-Bilanz sieht so aus: 105 Gläser sind zusammengerechnet 47 Kilo. Nach Herstellerangaben enthalten 100 Gramm Nutella 31 Gramm Fett und 54 Gramm Zucker. Für das T-Shirt müssten 4,4 Kilogramm Fett und 7,2 Kilogramm Zucker aus 33 Nutella-Gläsern à 400 Gramm gegessen werden. Das sind über 68 000 Kilokalorien. Um 68 000 Kilokalorien wieder zu verbrennen, müsste man mindestens sieben Tage lang joggen oder fünf Tage lang schwimmen, mit möglichst kurzen Pausen und wenig Schlaf.

Wer übrigens lieber ein Trikot mit dem Namenszug des Nationalspielers Lukas Podolski tragen möchte, sollte zur Prinzen-rolle von de Beukelaer greifen. Für die notwendigen 50 Sammelpunkte müssen 20 Kilo Schokokekse nicht unbedingt verzehrt, auf jeden Fall aber gekauft werden.

«Unsere Jungs brauchen uns jetzt» – wer mit diesem T-Shirt der Biermarke Hasseröder herumlaufen möchte, muss vorher 30 Liter Bier leeren. Für das «offizielle DFB-Fan-T-Shirt» der Konkurrenz von Bitburger sind 48 Liter Gerstensaft das Trinker-Pflichtprogramm. Und wer an einen Strampler mit dem hoffnungsvollen Aufdruck «Weltmeister 2034» aus dem Hause Procter & Gamble interessiert ist, sollte vorher fünf Kilo Kartoffelchips vertilgen. Das sind 25 000 Kilokalorien. Vorsicht beim Mitmachen: Nach dem Verzehr dieser Mengen werden die bestellten T-Shirts, Kapuzenjacken und Trainingshosen kaum noch passen.

Wie viel Mineralwasser verträgt mein Goldfisch?

Auf den letzten Metern dieser denkwürdigen Dekade wird mein Vertrauen in die Werbung noch einmal schwer erschüttert. Durch irreführende Aussagen wäre mein Goldfisch Franz Ferdinand beinahe auf tragische Weise ums Leben gekommen. Es war sehr knapp, und es ist für mich ein deutliches Zeichen, Werbung nicht länger beim Wort zu nehmen. Denn wenn es um Franz Ferdinand geht, hört für mich der Spaß wirklich auf. Ein Fast-Tiermord durch Werbung, das geht gar nicht. Ein kleiner, dicker, blonder Junge kommt aus der Schule nach Hause und beginnt, was schon mal völlig unglaubwürdig ist, sofort mit seinen Hausaufgaben. Buch vor sich, Kopfhörer auf den Ohren und eine Plastikflasche stilles Vio-Wasser von Apollinaris am Hals. Auf seinem Schreibtisch steht eine sogenannte Goldfischkugel mit Inhalt, das Wasser ist klar und durchsichtig. Hier hätte ich es schon merken müssen: Diese Werbung verstößt gegen den europäischen Tierschutz. Denn das früher so beliebte Goldfischglas ist durch die Tierschutzgesetze verboten. Ein Goldfisch, der laut einschlägiger Literatur durchaus 25 Jahre alt werden kann, hat einen starken Bewegungsdrang. Die Kugel ist viel zu eng für den armen Fisch. Das ist nachvollziehbar, denn wer möchte schon ein Vierteljahrhundert lang immer im Kreis schwimmen?

Sobald der dicke Junge wieder aus der Flasche trinkt, miaut der Fisch. Das ist erst seltsam, jedoch vielleicht durch einen Fehler bei der Übersetzung des Werbespots zu erklären. Offenbar ist der Fisch süchtig nach Vio. Denn er – der Fisch – miaut immer wieder und schafft es, durch enorm starke Körperbewegungen das Glas, in dem er sich befindet, immer näher an den jungen Mineralwasserkonsumenten heranzurücken. Schließlich bekommt der Fisch das, was er offenbar will: ein paar Schluck Mineralwasser, ganz lässig von dem kleinen, dicken Jungen in die Goldfischkugel geschüttet. Der Goldfisch kommt sofort auf Touren, schwirrt wie auf Speed durchs klare Wasser und beendet die Vorstellung mit einem satten Rülpser.

Mir kommt auf Anhieb die Situation seltsam bekannt vor. Ich bin zwar nicht klein, aber auch ein bisschen dick und ein bisschen blond. Häufig, wie auch jetzt gerade, sitze ich am Schreibtisch, neben mir eine Flasche Mineralwasser. Mein Goldfisch Franz Ferdinand – benannt nach der schottischen Rockband – befindet sich zwar nicht in einem Glas, sondern in einem vorschriftsmäßigen Aquarium. Zwischen ihm und mir ist trotzdem jederzeit ein intensiver Blickkontakt möglich. Manchmal beobachte ich ihn, manchmal er mich. Seit drei Jahren lebt Franz Ferdinand bei mir, und ich hoffe, dass es noch lange so bleibt.

Allerdings macht Franz Ferdinand in den letzten Wochen einen ungewohnt trägen Eindruck. Vielleicht geht es ihm nicht so gut, wie ich immer dachte. Leidet der Goldfisch unter fehlendem Geschlechtsverkehr? Was man nach drei Jahren durchaus verstehen könnte. Der Werbespot jedenfalls bringt mich auf eine ganz schlechte Idee: Vielleicht wird auch Franz Ferdinand durch einen Schluck stilles Mineralwasser von Vio wieder munter? Wie viel Mineralwasser verträgt ein Goldfisch? Muss er – der Fisch – erst langsam an den Geschmack gewöhnt werden, oder soll ich ihm gleich eine volle Pulle einschenken?

Ich kaufe mir zum ersten Mal in meinem Leben eine Kiste Vio. Für mich und für Franz Ferdinand. Soll ich es wirklich wagen? Es fließen schon ein paar Tropfen aus der Flasche in das Aquarium, doch im letzten Moment besinne ich mich und rufe vorsichtshalber beim Zoofachhandel Sündermann an, dort hatte ich einst Franz Ferdinand käuflich erworben.

«Guten Tag, ich habe mal eine Frage zur Haltung von Goldfischen», fange ich ganz harmlos an.

«Was für eine Frage haben Sie denn?»

«Also, ich habe im Fernsehen diese Werbung gesehen, für Mineralwasser. Wissen Sie, welche ich meine?»

«Nein, tut mir leid», antwortet mit der Geduld eines Goldfisches der Zoohändler. Macht ja nichts. Ich schildere den Fall: «Mein Goldfisch ist in letzter Zeit immer so träge. Und in diesem Werbespot ist der Fisch auch so träge. Dann kriegt er einen Schluck von dem Wasser und dann ...»

Jetzt herrscht beim Zoofachhandel offenbar Aufregung, denn ich werde rüde unterbrochen: «Jetzt weiß ich, welche Werbung Sie meinen. Aber Sie wollen Ihrem Fisch doch kein Mineralwasser geben?»

Meine kleinlaute Antwort: «Also, ääh, ehrlich gesagt, einen kleinen Schluck hat er schon bekommen.»

«Und, wie geht es dem Fisch? Wissen Sie, Fische vertragen den pH-Wert eines solchen Wassers nicht. Sie dürfen dem Fisch auf keinen Fall mehr davon geben», lautet die dringende Aufforderung, und die Mahnung folgt:

«Der Fisch könnte davon sterben. Sie wollen mich doch jetzt nicht wirklich fragen, ob Sie dem Fisch das Wasser geben dürfen. Hören Sie: Sie dürfen dem Fisch nichts mehr von dem Mineralwasser geben, das verträgt der nicht! Um Himmels willen.»

Damit ist klar: Franz Ferdinand schwebte in Lebensgefahr. Unverantwortlich, was sich diese Werbeleute so alles einfallen lassen, um ihren Profit gewissenlos zu steigern. Erst stirbt der Goldfisch, dann der Mensch?

Wutentbrannt schreibe ich an Apollinaris: Ist das Leben eines Goldfisches nichts wert? Oder gibt es wissenschaftliche Studien, die die Verträglichkeit von Vio-Mineralwasser im kleinen Körper eines Goldfisches zweifelsfrei belegen?

«Was ist, wenn Franz Ferdinand das Wasser nicht verträgt und krank wird? Aus diesem Grund warte ich auf Ihre Tipps und würde mich freuen, so schnell wie möglich von Ihnen zu hören», lauten meine letzten Zeilen an den Hersteller. Die Antwort: keine, nicht nach einer Woche, nicht nach zwei Wochen, nicht nach einem Monat. Was ist da los? Gab es bereits ein Massensterben von Goldfischen, ausgelöst durch Mineralwasser, und stellt sich der Wasserhersteller jetzt tot wie ein toter Goldfisch, um den Klagen auf Schadensersatz (was in der Regel aus menschlichen Gründen gar nicht möglich ist) durch die trauernden Hinterbliebenen zu entgehen?

Mein nächster Brief ist schon unterwegs. Ich verschärfe den Ton und weise auf die drohende Gefahr für meinen und für alle Goldfische überhaupt hin. Müssen erst Hunderte von Goldfischen sterben? Das zieht, zwei Wochen nach meinem zweiten Schreiben antwortet das «Apollinaris Service-Line Team». Hier die Kernaussagen: «Wer eine Geschichte in nur 30 Sekunden leicht verständlich und unterhaltsam erzählen möchte, muss gelegentlich manche Aspekte ein wenig erhöhen, um sie für den Zuseher deutlich zu machen ... Gerne teilen wir Ihnen mit, dass der Hauptdarsteller im Werbespot – der kleine Goldfisch – computeranimiert ist. Als echter Wasserexperte hat er sich für das stille Mineralwasser Vio begeistert und entwickelt ungeahnte Fähigkeiten, um an sein neues Lieblingswasser heranzukommen. Mit freundlichen Grüßen».

Apollinaris Service-Line Team, mal verschärft hergehört: Auch ich kann ungeahnte Fähigkeiten entwickeln, wenn es um das Leben meines Goldfisches geht, das hier leichtfertig aufs Spiel gesetzt wurde. Hier ist nicht mancher Aspekt ein wenig überhöht, hier stimmt die ganze Story nicht. Wieso soll es sich um das

Lieblingswasser eines Goldfisches handeln, wenn er – der Fisch – es gar nicht trinken darf?

Ich könnte in diesem Zusammenhang noch viele andere Fragen stellen, doch am Ende fehlt mir und Franz Ferdinand nach dieser schweren Enttäuschung dazu die Kraft. Aber auch ich muss bekennen, schwere Schuld auf mich geladen zu haben: Wie konnte ich das Leben von Franz Ferdinand gefährden, nur weil ich die Werbung wörtlich genommen habe? Zehn Jahre sind wirklich genug!

Werbe-Ikonen

Alles begann mit Beppo

Die schönsten Geschichten schreibt das Wirtschaftsleben selbst. Ein merkwürdiger Deal, der – besser getarnt – auch heutzutage durchaus möglich wäre, stand am Anfang des Werbefernsehens in Deutschland. Der Bayerische Rundfunk wollte 1954 auf einem leer stehenden Grundstück des Persil-Herstellers Henkel einen Sendemast errichten. Das Unternehmen war einverstanden, stellte für die Freigabe des Grundstücks jedoch eine Bedingung: Sollte jemals, wie in den USA, Werbefernsehen ausgestrahlt werden, wollte Henkel den ersten Werbefilm zeigen.

Abgemacht, so stand es im Vertrag, und zwei Jahre später war es so weit. «Persil und nichts anderes», sagte der mit einem Dauergrinsen ausgestattete Volksschauspieler Beppo Brem beim Anblick einer von ihm zuvor eingesauten Tischdecke. Es war der 3. November 1956. Beppo Brem und seine Schauspielerkollegin Liesl Karlstadt (bekannt durch ihre schrägen Auftritte mit der Komikerlegende Karl Valentin) hatten in einem Restaurant am Tisch Platz genommen. Die weitere Handlung: Beppo Brem kleckert, seine Frau zetert. Der Wirt kommt, schaltet sich ein und weiß die Lösung: «Dafür gibt es ja Gott sei Dank Persil.» Das leuchtet auch Beppo Brem sofort ein, und mit der Wiederholung der Kernaussage ist offenbar die Tischdecke immer noch nicht sauber, aber der Ehefrieden wiederhergestellt: «Persil und nichts anderes».

Werbespots gab es schon vorher, in den Kinos. Und so folgten in der Quizsendung «Zwischen halb und acht» rasch weitere Werbefiguren, an die sich die Älteren unter uns wie auf Kommando erinnern, was eine lang anhaltende Tiefenwirkung durch jahrzehntelange Dauerberieselung fürs Erste durchaus beweist: Klementine-Latzhose und dick. Die Kölner TV-Ulknudel Hella von Sinnen setzt bis heute auf dieses Erscheinungsbild. Oder «Frau Antje aus Holland», die so lange für Käse warb, bis der als Exportschlager der Niederlande durch Cannabis-Produkte verdrängt wurde. Oder dieser Dr. Best. Dieser schmierige, kleinwüchsige schlecht synchronisierte Onkel im Arztkittel aus den USA. Konnte man ihm vertrauen?

Viele taten es, wenn es um ihre Zähne ging. Oder Tilly von Palmolive, die uns Geschirrspülmittel als Hauptpflege andrehen wollte. In den wilden Endsechzigern wirkte sie so beruhigend. Also tunkten wir unsere Finger in ein Spülmittel. Mehr Abenteuergeist versprachen die Nonnen im Afri-Cola-Rausch, die vor einer beschlagenen Glasscheibe vorbeischwebten. In den Siebzigern duschten die Fa-Mädchen nackt. Man sah hin und sah eigentlich nichts. Der Deostift wurde geteilt: «Mein Bac, dein Bac. Bac ist für uns alle da.» Werbung im Kapitalismus mit sozialistischen Grundgedanken – denen ist auch nichts heilig, wie wir heute längst wissen. In der DDR gab es bis in die Siebziger hinein übrigens auch Werbung. Schlauerweise nur für die Produkte, die die Bürger der DDR auch tatsächlich kaufen konnten, wie Minol-Pirol an der Tankstelle. Eine Plaste-Ente war die erste Werbefigur in dem Staat, der später komplett baden ging. Zur Rolle der Frau im Sozialismus an dieser Stelle und in diesem Zusammenhang nur so viel: Bereits 1964 war in der Fernsehwerbung der DDR ein Mann mit einem Staubsauger in der Hand zu sehen. Klar, es war ja nur Werbung, vielleicht hat er den volkseigenen Staubsauger nach der Aufnahme gleich wieder zurückgestellt, und das Fernsehstudio wurde anschließend von einer Frauenbrigade gereinigt. Aber allein schon der Anblick, Mann mit Staubsauger in aller Öffentlichkeit, Mitte der sechziger Jahre!

Bis zum Jahre 2011 sind solch schockierende Bilder unter der Herrschaft des Kapitalismus noch nie gezeigt worden.

Allerdings: Seit 1958 zeigte Meister Proper in der freien Welt, wie man richtig putzt, konnte sich dabei eine mackerhafte Belehrung von Frauen aber nicht verkneifen.

Beppo, die erste deutsche Werbefigur im Fernsehen, legte nach seinem Debüt eine Kurzkarriere hin. Einen Monat später, im Dezember 1956, zeigte auch der Sender Freies Berlin erstmals Werbespots, bis April 1959 folgten die übrigen Landesrundfunkanstalten, später nach seiner Gründung 1961 das ZDF. Eine rasante Entscheidung zugunsten von Kommerz, denn schon damals kassierten die Fernsehsender von ihren Zuschauern Gebühren und hätten es dabei ja auch belassen können. Aber wenn's um Geld geht, öffnet sich eben nicht nur die Sparkasse, und ohne fortlaufende Konsumwerbung würde auch weniger konsumiert werden und all die Arbeitsplätze und überhaupt.

Der Beginn des Wirtschaftswunders, die Fresswelle, dann die Reisewelle – ohne Fernsehwerbung hätten wir all dies nicht mitbekommen und folglich auch nicht dran teilgenommen. Also hätte es weder Wunder noch Wellen gegeben. Wäre das wirklich wünschenswert?

Nehmen wir die Lage so, wie sie ist: Spätestens seit dem Start des Privatfernsehens im Jahr 1984 ist Werbung aus dem Fernsehen nicht mehr wegzudenken. Wir müssen es hinnehmen wie frühe Sonnenuntergänge, schlechtes Wetter, den Tod durch Lungenkrebs, Scheidungsurteile und unfähige Politiker, die sich auch nicht abwählen lassen, ohne durch entsprechende Nachfolger ersetzt zu werden. Fernsehwerbung in Zahlen: pro Jahr rund 3,2 Millionen Spots, die Nettoeinnahmen liegen bei etwa vier Milliarden Euro. Bei diesem Riesengeschäft ist die Gemütlichkeit aus alten Zeiten (oder ist es nur der berühmt-berüchtigte Erinnerungsoptimismus?) verloren gegangen. Früher ging der Tag, und

Johnnie Walker kam. Wenn es mal gar nicht lief und man in die Luft gehen wollte, half das HB-Männchen mit einer Kippe aus: «Halt, mein Freund, wer wird denn gleich in die Luft gehen?» Beim anschließenden Raucherhusten war der ewig brummende Hustinettenbär zur Stelle, und den Geschmack des Hustenbonbons konnte man locker mit einer Runde «Ei, Ei, Ei Verpoorten» herunterspülen. Fünfzehn Jahre lang fand der Tchibo-Experte erstaunlicherweise immer wieder die besten Kaffeebohnen, und bei einer Sturmfrisur gingen wir rasch ins Gard-Haarstudio. Die Angst vor wilden Tieren verloren wir an der nächsten Tankstelle, denn dort konnten Autofahrer den Tiger einfach in den Tank packen.

Der Camel-Mann musste niemals husten. Gesundheit generell war noch kein Thema, was eben auch viele Sorgen, die wir uns heute um Fettgehalt und Cholesterinwerte machen, ersparte. Und warum gibt es keine Strahlerküsse mehr? Wahrscheinlich sind die auch ungesund, wie schon der Name vermuten lässt. Strahlen aus dem Handy oder dem nächstgelegenen Atomkraftwerk?

Okay, der Sarotti-Mohr wäre als Produktbezeichnung politisch nicht mehr korrekt, und «Negerküsse» geht gar nicht. Werbefiguren wie Angelo («Isch abe gar kein Auto»), der Melitta-Mann und die Toyota-Affen haben nur noch eine geringe Haltbarkeitsdauer, nach zwei, drei Jahren verschwinden sie vom Bildschirm. Das Tempo wird schneller, es bleibt immer weniger Zeit, mit Werbung als einem Stück Alltagskultur anzubandeln und sich mit der einen oder anderen Werbefigur anzufreunden.

Oder werden wir eines Tages auch die Klitschko-Brüder als lebende Milchschnitten vermissen und Blubb-Verona Pooth (geborene Feldbusch) eine Träne nachweinen? Ganz, ganz, ganz schwer vorstellbar.

Beppo Brem ist mit seiner bekleckerten Tischdecke heutzutage ins Hintertreffen geraten, Waschmittelwerbung rangiert nur noch auf dem 20. Platz, auf den vorderen Plätzen liegen inzwischen regelmäßig die Auto-, die Telefon- und die Süßwarenindustrie, Werbung mit Gesundheitsversprechen befindet sich gerade auf der Überholspur.

Beppo Brem verließ eines Tages das Restaurant und ließ seine keifende Ehefrau wie auch die beschmutzte Tischdecke zurück. Er startete als Fernsehkommissar in «Die seltsamen Methoden des Franz Josef Wanniger» eine neue Karriere, auch die Mitwirkung als Volldepp in den Schmuddel-Sex-Filmen der späten sechziger Jahre konnten seinen Ruf als beliebter Volksschauspieler nicht besudeln. Er starb am 5. September 1990. Bis heute ist ungeklärt, ob er je selbst eine schmutzige Tischdecke gewaschen hat. Wenn, dann sicherlich nur mit Persil.

Ich liebe fünf Bären – ist das normal?

Wer ist die beliebteste im ganzen Land? Welche Werbefigur ist wirklich erfolgreich, und welche scheidet aus, obwohl Millionen an Werbegeldern verpulvert wurden, damit man sie mag? Bei aller zuckersüßen Erinnerung an glückliche Kindheitstage vor dem Fernsehapparat: Klementine, Frau Antje und Tilly sind aus dem Rennen, und auch die dauergeile Kirschtesterin Claudia Bertani hat offenbar keinen nachhaltigen Eindruck hinterlassen. Franz Beckenbauer auch nicht, obwohl er beim Abschluss von Werbeverträgen eine neue Rekordmarke aufgestellt hat. Und Thomas Gottschalk kann noch weitere Tonnen von Gummibärchen in sich hineinstopfen, er schafft es nicht.

Dieter Bohlen sowieso nicht, und Verona Pooth haben wir noch nie geglaubt, dass sie ihre Textilien aus dem Kleidungsschnäppchenmarkt bezieht.

Die beliebtesten Werbefiguren der Deutschen sind furchtbar alt, ziemlich und reichlich faltig: zwei Bären. Der eine behauptet bereits seit 1892 stumpf, dass «nichts über Bärenmarke» geht.

Der andere, eine Art analer Newcomer. Seit dem Jahr 2000 schafft es der Charmin-Bär äußerst erfolgreich, davon abzulenken, worum es beim Produkt Toilettenpapier eigentlich geht: um eine möglichst saubere Reinigung des Afters, ohne sich dabei die Hand mit Kot zu beschmieren. Platz eins und Platz drei im Ranking für die beliebtesten Werbefiguren belegen zwei Bären. Warum ist Werbung so Bären-stark?

Denn bei der Aufzählung namhafter Werbe-Bären sollte man auch Berry, den Plantagenbären von Kaba, und den lustig-trotteligen Hustinetten-Bären nicht vergessen.

Die Eskapaden von Plantagenbären Berry reichten immerhin für 45 Comics, die bis 1990 den Verpackungen beilagen und später auf der Rückseite abgedruckt wurden. Am Ende des jeweiligen Abenteuers tranken der Plantagenbär und seine Freunde stets, welch eine Überraschung: Kaba.

Der Hustinetten-Bär, über den auch noch später in diesem Buch berichtet wird, machte sich mit Hilfe von Kräuterbonbons um das Wohlbefinden der Deutschen verdient und füllte damit die Taschen seiner geistigen Erfinder. Bereits Tierforscher Konrad Lorenz erkannte die «kindlichen Merkmale» in der Bärengestalt: runder, großer Kopf, dicke, aber kurze Gliedmaßen, niedliche, tollpatschige Bewegungsabläufe. Bären sind aber auch groß und damit stark, und sie gelten als verlässlich. Wie auch immer dieser Eindruck zustande kommt, denn in der Regel fehlen dem Konsumenten jegliche Erfahrungswerte, was die Verlässlichkeit von Bären in freier Wildbahn angeht. Eis- und Braunbären preisen nicht nur Toilettenpapier und Dosenmilch an, sie wollten auch schon Filmrollen (Agfa) und Knabbergebäck (Pom-Bär) verkaufen.

Fassen wir bis hierhin noch einmal zusammen: Wir kommen auf mindestens sechs Werbe-Bären, die den meisten von uns geläufig sind: Der Bärenmarke-Bär, der Hustinetten-Bär, der

Agfa-Bär, der Pom-Bär, der Charmin-Bär und der Plantagen-Bär. Da kommt kein anderes Tier aus dem großen Werbe-Zoo mit. Der Bär ist der beste Werbepartner des Menschen.

Sowohl bei einer Umfrage des Deutschen Werbemuseums in Frankfurt als auch in der Marktforschung landet der uralte Bär aus der Bärenmarke-Reklame auf den ersten Platz. Ein kleiner Bär, der Milch eingießt – hier gelingt perfekt die Verbindung zu unbeschwerten Säuglingstagen mit allen damit verbundenen oralen Wonnen. Das Logo zeigt die Bärenmutter, die dem kleinen Bärenbaby das Fläschchen gibt. Liebe, Fürsorge, Schutz und etwas Wollust – mehr kann man als gewöhnlicher Käufer einer Dosenmilch wirklich nicht erwarten.

Über die Wollust beim Entleeren des Darms und beim anschließenden Reinigungsvorgang wird weitaus weniger offen gesprochen – vielleicht sollte man das häufiger tun. Denn hier setzt der Werbeauftrag des Charmin-Bären an. Wie in einer Tierfabel wird die menschliche Eigenschaft vom Menschen weggerückt und auf ein anderes ihm bekanntes Lebewesen übertragen. Das hilft gerade dann enorm, wenn es um die Beseitigung des in der Regel eigenen Kots geht.

Dazwischen, auf Platz zwei der Beliebtheitsskala, liegen die Mainzelmännchen vom ZDF. Also ebenfalls keine Newcomer, sondern alte Säcke mit einem ausgesprochen langweiligen Leben. Oder hat schon jemals jemand eine Folge gesehen, in der auch nur eine Spur von Spannung aufkam? Aber das ist ja gerade ihr Erfolgsgeheimnis: In der hektischen Werbewelt mit immer kürzer werdenden Spots und Verweildauer der Werbeträger wirken sie wie die verlässlichen Kumpel aus einer anderen Zeit. Alle sind gleich, es gibt weder Hierarchien noch Größenunterschiede.

Und keinen Sex – die Mainzelmännchen kennen keine Frauen, sind bisher aber auch nicht als homosexuell geoutet worden.

Auf Platz drei steht die Lila Kuh. Bei Jung und Alt mutmaßlich deshalb so beliebt, weil sie wie eine große, starke Mutter wirkt, die uns jederzeit wieder mit ihrer Milch versorgen könnte. In den ersten Anzeigen war erst nur die Umgebung der Kuh lila eingefärbt, später dann war nur die Kuh lila. Die Farbe hilft gerade erwachsenen Käufern, sich von ihrer Mutter emanzipieren zu können. Nach hundertzehn Werbespots wurden die ersten Spätfolgen dieser Werbung deutlich. Als 1995 in Bayern 40 000 Kinder bei einem Schulwettbewerb eine Kuh ausmalen sollten, wählte jedes dritte Kind die Farbe Lila.

Werbung mit Tieren kann auch tierisch danebengehen. Auf Platz eins beim Negativ-Ranking des Nürnberger Marktforschungsunternehmens Konzept & Analyse landeten der Trigema-Schimpanse und die Jägermeister-Hirsche Rudi und Ralph, die in ihrer Zielgruppe allerdings absolut erfolgreich sind. Sonst hätte der «Jägermeister» die beiden wohl auch schon abgeschossen.

Der weiße Wirbelwind

Deutschland im Jahre 1964. Der Kanzler heißt Konrad Adenauer, der Wirtschaftsminister Ludwig Erhard, das Land blüht und gedeiht, das Wirtschaftswunder steht vor seinem Höhepunkt. Wo viel gearbeitet wird, wird es auch schnell schmutzig. Das ist die große Chance für Ajax. Innerhalb kürzester Zeit kann der neue Allzweckreiniger (noch als Pulver, nicht flüssig wie heute) die Konkurrenz fast vom Markt fegen. Eine gewisses Maß an Reinigungskraft hatten auch die anderen Produkte, wie kam dennoch dieser glänzende Erfolg zustande?

Es lag an der genialen Werbeidee, die durch die stark steigende Zahl der Fernsehapparate in dieser Zeit wie ein Sturm in die Haushalte eindrang: der weiße Wirbelwind. Denn erstmals wurde der Hausfrau (um die ging es ausschließlich in dieser Zeitspanne) nicht nur versprochen, dass alles wieder rein und sauber wird. Mit Hilfe eines Wirbelwindes fällt Putzen generell viel leichter. Es ist mit weniger Anstrengung verbunden, denn es hilft ja der Wirbelwind, der die Sache schnell erledigt.

Damals gab es noch keine Umweltschützer, die über das verwendete Salmiak die Nase rümpften. Und empfindliche Fliesen und Beschichtungen in der Küche waren noch nicht erfunden oder angesagt. Als sich das änderte, ging dem «weißen Wirbelwind» die Puste aus. Nach sechzehn Jahren hatte es sich ausgewirbelt, die Wirbelgeräusche blieben danach noch ein paar Jahre lang als Erkennungszeichen in der Ajax-Werbung zu hören. Bis heute ist der «weiße Wirbelwind» bei einem Großteil der erwachsenen Bevölkerung unvergessen. Sportreporter reden vom «Wirbelwind», wenn ein Fußballspieler in der Bundesliga besonders schnell ist. Sportlehrer verbinden damit ein Lob für eifrige Musterschüler auf der Laufbahn.

Aufgenommen in die Umgangssprache – dann war eine Werbung wirklich genial.

Trinken Bären Dosenmilch?
«Nichts geht über Bärenmarke, Bärenmarke zum Kaffee!»

Rund 96 Prozent der Bundesbürger kennen die Bärenmarke, dieser Spitzenwert ist seit Jahren das Ergebnis vieler Umfragen. Doch wie gut kennen wir diesen gutmütigen, lustigen, kleinen Kerl wirklich? Warum treibt er sich auf einer Weide mit Kühen herum, verzichtet aber auf die fette Beute? Das widerspricht allen grausamen Gesetzen der Natur, die uns geläufig sind. Und warum wirbt ausgerechnet ein Bär für Kondensmilch? Was hat er damit zu tun? Er war weder bei Erzeugung und Herstellung aktiv, noch wird er sie selbst trinken. Oder wer hat schon mal gesehen, wie ein Bär eine Dose öffnet und den Inhalt in sich hineinschüttet?

Der Bär als Markenzeichen ist uralt. 1892 machte die Berner Alpenmilchgesellschaft das Wappentier des Kantons Bern, einen Braunbären, zum Maskottchen der Marke. Seit 1912 wird im deutschen Zweigwerk in Biessenhofen im Allgäu die erste ungezuckerte Kondensmilch mit einem Fettanteil von zehn Prozent hergestellt. Bis heute ist die Milch-Mischung ein Verkaufsschlager. Deshalb der Bär, deshalb die Kondensmilch. Schon auf dem ersten Etikett füttert eine Braunbärin mit der Milchflasche ihr Jungtier. Dabei sah sie allerdings so griesgrämig aus, dass man heute auf Anhieb ein gestörtes Mutter-Kind-Verhältnis erkennen würde. 1951 wurde das bis heute noch verwendete Logo mit dem ach so niedlichen Braunbären entwickelt.

In den fünfziger und sechziger Jahren liefen die Werbefilme mit der Bärenmarke in jedem Kino an der Ecke – die historische Grundlage für den hohen Bekanntheitsgrad. Wer kennt nicht diesen kleinen putzigen Kerl, der feine Alpenmilch in eine Milchkanne gießt. Seit 1970 gehört die Bärenmarke zum Schweizer Nestlé-Konzern. Die Marke tut Gutes, das kann man ja auch mal schreiben. So wird ein Projekt zum Schutz der Braunbären in den Alpen unterstützt, und im September 2008 verzichtete das Unternehmen freiwillig auf ihr bekanntes Bären-Logo, vier Wochen lang. So lange stand auf den 1-Liter-Milchverpackungen: «Rettet die Bären».

Wer wird denn gleich in die Luft gehen?

Bruno konnte sich immer fürchterlich aufregen. In solchen Momenten, und die gab es oft in seinem Leben, sprach er Arabisch rückwärts und ging anschließend buchstäblich in die Luft. Bruno rauchte wie ein Schlot und war dennoch weder durch Nikotin noch durch die ständige Aufregung vom frühen Herztod bedroht. Bruno, 1959 als Zeichentrickfigur geboren, schied im Verlauf der achtziger Jahre aus dem Werbeleben. Er hatte sich überlebt. Doch in der Umgangssprache ist er unsterblich geworden: in die Luft gehen wie ein HB-Männchen. Auch die wenigen, die Bruno nicht persönlich kennengelernt haben, wissen dann auf Anhieb, was gemeint ist. Bruno ist der interne Name beim Tabakwarenhersteller BAT für das HB-Männchen.

Die Werbefilme mit ihm wiesen stets das gleiche Verhaltensmuster auf: Eine Kleinigkeit ging schief, Bruno regte sich darüber mächtig auf, tobte und schimpfte in einer unverständlichen Sprache (es war Arabisch, das rückwärts mit doppelter Geschwindigkeit abgespielt wurde) und schoss jedes Mal wie eine Rakete in die Luft.

«Halt, mein Freund! Wer wird denn gleich in die Luft gehen? Greife lieber zur HB», erklang aus dem Off eine sonore Stimme.

Gutgelaunt, mit einer brennenden Zigarette in der Hand, schwebte Bruno zum Boden zurück. «Dann geht alles wie von selbst», verkündete die Off-Stimme. Das Rauchen einer Zigarette wirkt beruhigend und löst die Probleme – diese Aussage wäre inzwischen fast ein Fall für die Drogenfahndung. Auch die schlimmsten Kettenraucher würden auf diese Botschaft nicht mehr hereinfallen.

Die Marketingabteilung drehte Bruno die Luft ab, als er mehr und mehr als Comicfigur gesehen wurde und die Anbindung an seine eigentliche Aufgabe – mehr HB rauchen – verloren ging. Auf Befehl von oben musste Bruno nicht mehr in die Luft gehen, sondern sich für alle Zeiten in Luft auflösen.

Die nackte Frau Antje und der Käsetoast Hawaii

Wer läuft im 21. Jahrhundert noch so durch die Gegend: ein schneeweißes Spitzenhäubchen über den arisch blonden Zöpfen, eine grau-weiß gestreifte Bluse, roter Rock mit blauer Küchenschürze und an den Füßen Schuhe aus Holz, die so aussehen, wie sie in der Landessprache heißen: Klompen. Seit einem halben Jahrhundert bringt Frau Antje den Käse aus Holland, gold-gelben Gouda oder den roten, kugelrunden Edamer. Das ist eine lange Zeit, in der viel passierte. Neben Königin Beatrix ist Frau Antje bei uns die bekannteste Niederländerin. Bekanntheitsgrad: 98 Prozent. Höchstwahrscheinlich hat selbst jeder dreizehnjäh-rige HipHopper schon mal von der alten Tante gehört, die für ihn eindeutig kurz nach der Steinzeit auf die Welt gekommen sein muss. Wenn es dagegen nach dem Willen der meisten Nie-derländer gehen würde, würde Frau Antje schon lange in einem schmucklosen Grab auf dem Friedhof liegen. Denn Frau Antje ist die Niederlande – und das wollen die Niederländer nicht mehr. Aus verständlichen Gründen, denn sie können nicht nur Käse.

Doch gegen den anhaltenden Erfolg von Frau Antje, die zu ihren besten Zeiten in vierhundert Fernseh- und Rundfunk-spots jährlich zu sehen und zweihundert Millionen Mal in einem Jahr in den deutschen Zeitungen und Zeitschriften erwähnt wurde, sind die genervten Niederländer machtlos. Sie könnten Frau Antje noch nicht einmal ausbürgern – denn ihre Geburt fand in Deutschland statt, sie hätte damit zumindest Anrecht auf den doppelten Pass.

Berlin, 1959. Am Stand des niederländischen Molkereiverbandes auf der «Grünen Woche» serviert eine junge Studentin Käse-häppchen. Sie heißt Antje, und jeder darf mal zugreifen, solange es sich um die Käsehäppchen handelt. Am dritten Messetag erscheint Antje nicht zum Dienst. Sie sei krank, erfährt die nie-derländische Käse-Delegation. Ersatz gibt es nicht, besorgte Mes-sebesucher erkundigen sich in den folgenden Tagen immer wie-der nach «ihrer Frau Antje». Da geht Hans Willemsee, dem Direktor des Niederländischen Büros für Milch-Erzeugnisse im grenznahen Aachen, ein Licht auf: Frau Antje muss wiederkommen und in Deutschland eine Tournee antreten, die niemals enden wird. Kaasmeisjes in traditioneller Tracht gab es auch schon vorher, keine hatte aber einen Werbenamen, und keine blieb länger als eine Messe lang. Sauber, nett und hübsch sollte die Käse-Botschafterin sein, eben so lecker wie ein frischer Gouda. Es ist nicht genau überliefert, wie Anfang der sechziger Jahre des vorigen Jahrhunderts ein Casting ohne Dieter Bohlen und Co ablaufen konnte. Am Ende gab es jedenfalls ein Ergebnis, das die Verweildauer eines angeblichen «Superstars» um Längen in den Schatten stellen sollte. Übrigens auch in Zahlen: «Frau Antjes großes Kochbuch» stand viele Jahre in der Bestsellerliste, über 700 000 Exemplare wurden verkauft.

Der weibliche Vorname «Antje» ist keinesfalls typisch holländisch und kommt dort kaum vor. Aber die Aussprache dieses Namens klingt für Deutsche nach Holland. Das ist ziemlich krude, aber längst er- und bewiesen.

Die erste Frau Antje hieß in Wirklichkeit Kitty Jansen und hatte 1961 ihren ersten großen Fernsehauftritt in Deutschland. «Guten Abend, liebe Hausfrauen. Heute zeige ich Ihnen Käsetoast Hawaii.» Das klang damals schwierig, war es aber gar nicht, und vom Käsetoast Hawaii erzählen heute noch Großmütter ihren Enkeln.

Zwei Jahre später wurde Frau Antje aus ungeklärten Gründen ausgetauscht, die Neue hieß Emilie Bouwmann, die diese Rolle mit großer Hingabe zehn Jahre lang ausfüllte. Der Werbeslogan lautete ursprünglich «Pikantje von Antje», noch bekannter wurde später der Werbejingle «Frau Antje bringt Käse aus Holland», komponiert von Klaus Doldinger, der unter anderem durch die Musik für «Das Boot» und den «Tatort» bekannt wurde und sich als Jazzmusiker weltweit einen Namen machte.

Die Käsekarriere in Zahlen: Heute konsumieren die Bundesbürger rund zehn Mal so viel Käse aus Holland wie vor dem ersten Reklame-Auftritt. Seit 1992 sind es mehr als 200 000 Tonnen jährlich, 43 Prozent ihres Käses schlagen die niederländischen Händler in Deutschland los, vor allem das nahe Nordrhein-Westfalen ist für sie ein gigantisches Absatzgebiet. 200 000 Tonnen Käse – das ist eine Menge Kohle. Es geht um einen Umsatz von einer Milliarde Euro.

Dann sollte eine Jüngere her, eine der wenigen Entscheidungen im Leben von Frau Antje, die sich rächen sollte. Nachfolgerin Ellen Soeters war erst siebzehn Jahre alt, als sie unter das weiße Flügelhäubchen schlüpfte und den ganzen Tag «Cheese» sagen sollte. Nach zehn Jahren in diesen unsäglichen Holzschuhen war sie offenbar am Ende und legte ihre Tracht ab, 1984 zu sehen auf einigen Doppelseiten im «Playboy».

«Pikantje von Antje», in diesem Fall wurde die Werbung wahr. «Wir bringen das Beste von Frau Antje. Guten Appetit allerseits», stand im Bildkommentar des «Playboy».

Frau Antje ohne Tracht und auch noch ohne Unterwäsche wurde zu einer schweren Belastung für das Sauber-Image. Diese Frau Antje wurde deshalb sofort gefeuert und durch ihre Vorgängerin, Emilie Bouwmann, ersetzt. Unter diesen Umständen war offenbar die ältere Frau Antje eindeutig die bessere Wahl.

Später, zwischen 1998 und 2000, gab es eine Zwangspause. Das lag an den Protesten vieler Niederländer beim Molkereiverband. Lange Jahre hatten sie von der Existenz und dem Aussehen einer Frau Antje kaum etwas gewusst, die Werbung lief ja nur im Nachbarland. Nun aber fürchteten immer mehr Niederländer um das Image ihres Landes. Der Molkereiverband lenkte ein, schließlich war ihnen Frau Antje im Laufe der vielen Jahre ohnehin entglitten. Mal trank ihre Frau Antje ohne Erlaubnis auf einem Polit-Plakat Heineken-Bier vor einem vergifteten Tulpenfeld, dann war sie sogar mit einem Riesenjoint in der Hand zu sehen. Sauber sieht anders aus.

Doch der Druck aus Deutschland war zu groß. Jetzt gab es Proteste jenseits der Maas, ob und warum Frau Antje untergetaucht war. Mancher Schlauberger hatte ja schon bei einem Ausflug nach Amsterdam gesehen, dass da vielleicht Drogen im Spiel waren, Frau Antje sah immerhin auf dem Plakat ziemlich bekifft aus.

Alles Käse, und seit dem Jahrtausendwechsel sind die Dinge aus deutscher Sicht wieder in Ordnung. Die neue Frau Antje heißt eigentlich Madeleine Driessen, kommt aus Abcoude bei Amsterdam und ist ausgebildete Physikerin. Sie hielt schon bei der Landung des ersten niederländischen Astronauten das Käsetablett. Eine sehr schöne Versöhnungsgeste gegenüber ihren Landsleuten nach all den Jahren unter deutscher Besetzung der Werbe-Ikone. Wie viele Anwesende bei der Aufregung um die Ladung des Astronauten zu Käsehäppchen griffen, ist nicht überliefert. Jedenfalls kam er heil runter und musste nicht sofort Gouda und Edamer verputzen. Eine solide Rolle mit einer soliden Berufsausbildung – diese Käsebotschafterin dürfte nicht auch noch auf die schiefe Bahn geraten und sich eines Tages nackig machen.

Neulich bei Tilly
«Sie baden gerade Ihre Hände drin»

Neulich im Schönheitssalon. Tilly, die Chefin des Hauses, so um die vierzig Jahre alt, krasse Dauerwelle und schon allein aus dienstlichen Gründen sehr gepflegt aussehend, schnappt sich die Nagelfeile, hält dann aber inne, als ihr Blick auf die spröden Hände ihrer Kundin fällt. «Haben Sie Bäume gefällt?», fragt Tilly, wartet die Antwort aber gar nicht mehr ab. Sie empfiehlt zur Hauptpflege Palmolive, bereits bekannt als Geschirrspülmittel. «Sie baden gerade Ihre Hände darin.» Diese offenbar so dahingesagte Bemerkung löst bei ihrer Kundin blankes Entsetzen aus, jedenfalls eine Werbe-Sekunde lang. Erschrocken will sie ihre Hand aus dem Schälchen mit grüner Seifenlauge, das dem Betrachter erst jetzt richtig auffällt, zurückziehen. Eine durchaus nachvollziehbare Reaktion einer Frau, die in ihrem Stamm-Nagelstudio auf Spülmittel in der Hauptpflege trifft. Doch mit einem gelassenen Gesichtsausdruck schiebt Tilly die spröde Hand ihrer Kundin wieder in das Seifenlauge-Schälchen. Denn «Palmolive ist ja viel mehr als nur mild». Der Werbespot lief erstmals 1966 in den USA. Tilly hieß dort Madge. Ungeklärt ist bis heute, warum eine Reihe von erwachsenen Frauen zunächst ihre Hände in Seifenlauge tunken, ohne offenbar zu wissen, weshalb sie das tun. Was hatte Tilly ihnen vorher erzählt? Wir werden es nicht mehr erfahren.

Jan Miner, die von 1966 bis 1992 sowohl in den USA als auch synchronisiert in Deutschland diese Werberolle spielte, starb am 15. Februar 2004 in Bethel (Connecticut). Der Werbespot für das Spülmittel war für sie ein «Geschenk des Himmels» gewesen. Ihre letzte Rolle hatte die New Yorker Schauspielerin in der Komödie «Meerjungfrauen küssen besser». Ihr berühmtester Dialog aber war:

Tilly, total entspannt: «Sie baden gerade Ihre Hände drin.»

Kundin, erschrocken, etwas lauter werdend, kurz vor dem Kreischen:

«In Geschirrspülmittel?»

Tilly, noch entspannter: «In Palmolive!»

Bis heute gilt die Werbung als genial. Schließlich ging es um Geschirrspülmittel, das klebrige Essensreste beseitigen soll und vorher nie in einem Zusammenhang mit Hauptpflege stand. Mitte der sechziger Jahre begann der Siegeszug der Kosmetik. Körperpflege wurde zum Thema, wenn auch damals vor allem bei Frauen. Geschirr mit der Hand spülen und gleichzeitig dabei die Hand pflegen – das verband das Nützliche mit dem Angenehmen. Palmolive erreichte damit die Marktführerschaft bei den Handgeschirrspülmitteln. Eine Werbeidee also, die sich gewaschen hatte.

Klementine und der Hauptwaschgang
«Nicht nur sauber, sondern rein»

Sie war ein gefeierter Varieté-Star, sie drehte Kinofilme mit Hildegard Knef, Hans Albers und Luis Trenker. Doch für die Rolle ihres Lebens musste Johanna König eine weiße Latzhose anziehen, ein rot kariertes Hemd und eine Mütze tragen und sich fortan «Klementine» nennen. 30 Jahre lang war sie die Werbe-Ikone der Bundesrepublik, noch vor all den anderen. Klementine war Ariel, Ariel war Klementine. Im maskulinen Look (die Zeiten, in denen Latzhosen die bevorzugte Kleidung der Frauenbewegung werden sollte, waren noch nicht angebrochen) war Klementine die landesweit akzeptierte Autorität für den korrekten Umgang mit dem Hauptwaschgang. «Nicht nur sauber, sondern rein» lautete ihre Devise, und dabei sah sie mit ihren großen Augen sehr pfiffig aus. Von 1968 bis 1984 tauchte Klementine immer wieder unvermutet an einer Waschmaschine auf und pries die Reinheit:

«Ariel in den Hauptwaschgang». Der Marktanteil von Ariel in Deutschland stieg in dieser Zeit von 6,3 auf 11,8 Prozent. Danach spielte sie in den ARD-Vorabendserien «Drei Damen vom Grill» und «Praxis Bülowbogen» mit. Sie spielte auch die Titelrolle in dem Film «Jane bleibt Jane».

Nach einer Pause von neun Jahren stand sie ab 1993 noch einmal als Klementine drei Jahre lang vor der Kamera. Zum 79. Geburtstag im Jahr 2000 erhielt Johanna König vom Ariel-Hersteller Procter & Gamble einen Werbevertrag auf Lebenszeit und zwei Packungen Ariel pro Monat.

Sie wurde 87 Jahre alt und soll tatsächlich mit Ariel gewaschen haben.

Karin Sommer – wunderbar

Das Familienfest am reichlich gedeckten Rundtisch steht kurz vor dem Fiasko. Die Stimmung ist schlecht, keiner spricht. Und das Schlimmste: Die Kaffeetassen in der Runde sind noch halb voll. Der Kaffee schmeckt also nicht, und das soll ja schon aus Familienmitgliedern Todfeinde gemacht haben. Doch da erscheint Karin Sommer.

Der Fernsehzuschauer weiß zwar nicht, ob sie überhaupt eingeladen ist und warum sie plötzlich das Familienfest stört. Aber rein zufällig hat sie eine Packung Jacobs Krönung dabei und kann durch den gemeinsamen Genuss dieser Marke das Familienfest doch noch retten. «Jacobs Kaffee ... wunderbar» lautet die Erkenntnis.

Karin Sommer hieß eigentlich Xenia Katzenstein. 1963 war das Fotomodell «Miss Austria», und von 1972 bis 1985 war sie die Kaffeetante in Deutschland. Sie war zwar dreizehn Jahre lang zu sehen, ihre Stimme aber hörten die Zuschauer nicht. Wegen des österreichischen Akzents entschieden sich die Werbemacher für die Stimme ihrer deutschen Kollegin Heidi Schaffrath. Leider sind seit Karin Sommer die Zeiten vorbei, in denen Familienstreitigkeiten mit einer guten Tasse Kaffee gelöst wurden. Vor Gericht wird bekanntlich kein Getränk serviert, und in den diversen Talkshows, in denen nach dem Abgang von Karin Sommer Familienfehden ausgetragen werden, gibt es höchstens ein Glas Wasser. Höchste Zeit also für ein Comeback von Karin Sommer.

Wer war Dr. Best wirklich?
«Die klügere Zahnbürste gibt nach»

Eine kluge – im Sinne von intelligent – Zahnbürste gibt es selbstverständlich nicht. Aber das war auch das Einzige, was in der Werbung für die Dr.-Best-Zahnbürsten nicht stimmte. Der Reklameheld im weißen Kittel heißt tatsächlich James Earl Best und war tatsächlich nicht nur Professor für Zahnmedizin, sondern auch gelernter Zahnarzt.

Im Juni 1988 hatte Dr. Best als Dr. Best seinen ersten Auftritt im Werbefernsehen. Mit einer Tomate in der einen und einer völlig neuartigen Zahnbürste in der anderen Hand demonstrierte er, dass sich der Bürstenkopf verbiegt und keineswegs die Tomate beschädigt. Wenn also der Tomate nichts passiert, dann ist auch das Zahnfleisch bei der Pflege der Zähne sicher, so die Kernaussage. «Die klügere Zahnbürste gibt nach.» Ein kluger Schachzug im ewigen Ringen um Marktanteile. Denn das bedeutete auch: Herkömmliche Zahnbürsten können das Zahnfleisch verletzen, nur bei Dr. Best ist der Kunde gut aufgehoben. Bereits nach drei Monaten soll die Bekanntheit von Dr. Best bei 80 Prozent gelegen haben, der Marktanteil verdoppelte sich und lag im Jahr 2000 bei 42 Prozent.

Im Alter von 78 Jahren starb James Earl Best im Jahr 2002 an Krebs. Die Werbung wurde jedoch nicht eingestellt. Seitdem ist Dr. Best nicht mehr Dr. Best.

Traumberuf: Tchibo-Experte

Ein dunkler Einreiher, schwarze Aktentasche und ein runder Homburg-Hut: Für eine Expedition nach Kenia oder Guatemala ist das nicht gerade die passende Kleidung.

Doch genau so lief der Bärtige um die zwanzig Jahre lang auf den Kaffeeplantagen dieser Welt herum und kam auf den vielen Fotos, die ihn bei diesen Ausflügen zeigten, nie ins Schwitzen: der Tchibo-Experte. Der englische Schauspieler Wensley Ivan William Frederick Pithey, der Darsteller des Kaffeebohnen-Erforschers zwischen 1964 bis 1984, erzählte später in einem Interview, wie es bei den Aufnahmen zuging: «Es war mörderisch heiß. Ich musste mir den Homburg mit saugfähigem Papier ausstopfen, und mein blauer Anzug wurde alle Augenblicke abgebürstet.» Für einen Schauspieler, der dick und faul aussehe, sei es trotzdem ein wundervoller Job gewesen. Zunächst habe er 1000 Pfund jährlich bekommen.

Der Tchibo-Experte, rein optisch eine Mischung aus englischem Banker und Kolonialherrn im Ruhestand, sollte nach den Vorstellungen einer Düsseldorfer Werbeagentur der Inbegriff der Kaffeekompetenz sein. Deshalb war er pausenlos im Kampf um die gute Kaffeebohne unterwegs: in den Anbaugebieten, auf den Schiffen, die den Kaffee transportierten, in den Röstereien und in den Filialen. Das wurde auch pausenlos von den Werbeleuten fotografiert, dazu gab es einfühlsame Texte wie diesen aus der Anzeige «Der Junge, der Tchibo-Kaffee-Experte werden will». Motiv: Der Tchibo-Experte steht mit sechs schwarzafrikanischen Kindern vor einer Dampflok. Zitat: «Ob er auch Lokomotivführer werden wolle, hatte ihn der Tchibo-Kaffee-Experte gefragt. Nein, hatte der kleine Junge geantwortet: Tchibo-Kaffee-Experte.»

Nun, dazu kam es nicht mehr. Der Tchibo-Mann wurde 1984 aus dem Verkehr gezogen. Denn obwohl er mit diesem Aufzug tatsächlich zu Fotoaufnahmen in den Kaffeeländern unterwegs war – heute würde ihm und damit dem Hersteller das keiner mehr abnehmen.

Dem weltweiten Einsatz des Tchibo-Experten verdanken wir auch die lustige Wortschöpfung «Tchibung». Die Konkurrenzfirma Übersee-Kaffee warf Mitte der sechziger Jahre des vorigen Jahrhunderts Tchibo «unlauteren Wettbewerb» vor und forderte für den Werbehelden den Marschbefehl ins Jenseits. Vor einer Hamburger Zivilkammer erreichte die Konkurrenz sogar eine einstweilige Verfügung, die weitere Anzeigen mit dem Homburg-Hut-Träger verhindern sollte.

In das Verfahren griff damals auch der Tchibo-Experte ein. Er konnte beweisen, tatsächlich in den Ländern gewesen zu sein, die in den Anzeigen genannt worden waren. In diesem Zusammenhang war erstmals von «Tchibung» die Rede, aber das Ganze ist schon sehr lange her (1964).

Wensley Pithey, in seiner englischen Heimat vor allem als Shakespeare-Schauspieler bekannt, starb im November 1993. Beim Start einer neuen Imagekampagne im Jahr 2008 waren in einer kleinen Sequenz noch einmal einige Aufnahmen mit dem Tchibo-Experten aus alten Zeiten zu sehen. Inzwischen ist beim Hamburger Kaffeeröster der Verkauf von Bekleidung, Haushalts- und Elektronikartikeln bis hin zu Dienstleistungen wie Leasingangeboten für den Smart längst zum wichtigsten Standbein geworden. Laut Schätzungen erzielt das Unternehmen mittlerweile zwischen 65 und 75 Prozent seines Gewinns mit diesen Geschäften.

Für den Tchibo-Experten im Einreiher und mit Hut wäre kein Platz mehr.

Käpt'n Iglo fährt Taxi

Nach gefühlten tausend Jahren Werbefernsehen sind uns zwei Kapitäne auf großer Fahrt namentlich bekannt: Käpt'n Blaubär und Käpt'n Iglo. Die zwei Haudegen zwischen den Segeln sind sich nie begegnet, dafür sind die Meere zu groß und die Programmplätze zu unterschiedlich. Dennoch haben beide Kapitäne eine große Gemeinsamkeit: Sie schwindeln gern und häufig. Und wer glaubt ernsthaft, dass ein Kapitän, der mit seiner Mannschaft gerade einen funkelnden Schatz entdeckt hat, sich anschließend mit Fischstäbchen aus der Tiefkühltruhe zufriedengibt? Oder dass er als weißbärtiger Greis es ernsthaft mit Piraten aus Somalia aufnehmen könnte? Mit einem Schwindel ist der letztgenannte Kapitän besonders gut durchgekommen:

Viele Kinder glauben tatsächlich, dass in den Weltmeeren Fischstäbchen gefangen werden. Was viele Kinder und auch

Erwachsene nicht wissen: Käpt'n Iglo war zunächst im Supermarkt beschäftigt. Der Schutzpatron aller Fischstäbchen hat harte Zeiten hinter sich. Doch darüber redet er natürlich nicht so gern.

Käpt'n Iglo erblickte als Captain Birds Eye im Jahre 1966 in London das Licht der Werbewelt. Die Werbeagentur Lintas sollte eine neue Kampagne für die Fischstäbchen von Birds Eye entwickeln. Doch nach seiner Schöpfung durfte der Kapitän noch lange nicht in die große weite Welt segeln und da womöglich auf Peter Stuyvesant treffen.

Jahrelang musste er in englischen Supermärkten und Einkaufspassagen zwischen den Regalen herumstreichen und ahnungslosen Mütter die Vorzüge von Fischstäbchen bei der Ernährung ihrer Kinder erklären.

Leicht war das sicherlich nicht, und Abenteuer sehen anders aus. Erst seit 1985, also fast nach zwei Jahrzehnten im Supermarkt, durfte der Kapitän endlich raus und auf einem alten Segelschiff mit seiner Mannschaft Inseln entdecken, Schätze heben und Piraten vertreiben. In all den Jahren bestand der Proviant auf dem Schiff merkwürdigerweise nur aus Fischstäbchen. Dennoch raffte kein Skorbut seine Männer dahin. Abgesehen von den Eigentümerwechseln beim Hersteller, gab es bei der Weiterfahrt zu den deutschen Fernsehhaushalten ein kleines Problem mit dem Namen: Welcher Kapitän heißt schon Vogel-Auge? Also nannte er sich hier fortan Käpt'n Iglo. Im Laufe der vielen Seereisen gerbte der Wind seine Haut, und der Bart wurde zwar nie länger, aber schneeweiß. Es kam, wie es kommen musste: Eines Tages fiel den Werbefritzen auf, dass ihr Bildschirm-Kapitän viel zu alt ist und Kinder als wichtige Zielgruppe nicht unbedingt ihre Freizeit auf einem Schiff ohne Spielkonsolen an Bord verbringen wollen, mit einem Opa als Bezugsperson.

Sieben lange Jahre musste Käpt'n Iglo deshalb an Land bleiben. Die Abenteuer erlebten andere. Doch ohne ihn geht es eben auch nicht.

Vor zwei Jahren kehrte der beliebteste Seefahrer der Werbegeschichte zurück. Im Vordergrund steht dabei nicht mehr der Kampf gegen tölpelhafte Piraten, sondern die Produkteinführung von Omega-3-Fischstäbchen. Dass er das noch erleben darf ...

Der deutsche Darsteller heißt seitdem Gerd Deutschmann, als Schauspieler war er zuvor bereits in etlichen Werbespots und Fernsehserien zu sehen. Reich ist er damit offenbar nicht geworden. Nach einem Zeitungsbericht fährt Käpt'n Iglo seit 45 Jahren nebenbei Taxi in München. Nie war er vorher auf den Weltmeeren unterwegs, Piraten kennt er nur aus Büchern, und einen Schatz hat er höchstwahrscheinlich auch nie gefunden, sonst müsste er ja nicht Taxi fahren.

Und damit sind wir wieder bei der Gemeinsamkeit mit dem zweiten prominenten Kapitän dieses Landes. Käpt'n Blaubär schwindelt ja auch, dass sich die Balken biegen.

Als das Fa-Mädchen sich auszog

So sah Sex pur in der Werbung im Jahre 1969 aus:

Im schneeweißen Zweiteiler schmeißt sich eine Blondine in die Fluten des Ozeans und treibt mit den Wellen ihr wildes Spiel. Dazu die Stimme aus dem Off: «Das Abenteuer der wilden Frische von Limonen». Wow, das hatte damals was. Die Zuschauer wussten in der überwiegenden Mehrheit zwar nicht, was Limonen eigentlich waren, viele verwechselten sie mit Zitronen. Und das Produkt, um das es eigentlich ging, war auf den Bildern nicht zu sehen: die Seife von Fa. Selbst Blondinen nehmen zum Baden im Meer selten Handseife mit, das ist wissenschaftlich erwiesen und sollte in der Werbung auch gar nicht behauptet werden. Egal, das Fa-Mädchen war zur damaligen Zeit die heimliche Traumbraut für Pennäler und ihre Väter.

Fa-Seife gibt es seit 1953, hergestellt von einer Tochterfirma von Henkel.

Die Werbeidee soll dem Leiter der beauftragten Werbeagentur bei einem Urlaub auf den Bermudas eingefallen sein. Es dauerte allerdings Jahre, bis der Kunde überzeugt war. Castings gab es schon damals, sie hießen Miss-Wahlen. Zehn Fa-Mädchen wurden 1968 gesucht, über fünfhundert hatten sich beworben. Der Jury gehörten die ehemalige Miss World, die Fernsehansagerin (ein inzwischen leider ausgestorbener Beruf) Petra Schürmann, und der Moderator von «Spiel ohne Grenzen», Camillo Felgen, an. Die ausgesuchten Mädchen durften eine 14-tägige Reise in die Karibik antreten und wurden dort pausenlos beim Baden und Sonnen vom damaligen Starfotografen Frank Horvat aufgenommen. Trotz der wilden Frische kamen weder die Darstellerinnen noch der Fotograf auf die Idee, die Grenzen zu überschreiten: Der Bikini blieb stets an.

Erst fünfzehn Jahre später, 1984, fielen die Hüllen. Für die neue Fa Soft waren die Modelle jetzt – nicht mehr blond, sondern brünett – nackt von hinten zu sehen. Die Aufregung hielt sich in Grenzen. Es handelte sich ja nun auch um eine «sanfte Traumfrische», die wilden Zeiten mit den Limonen waren vorbei.

Wie dem Hustinetten-Bären die Luft ausging
«Nehmt den Husten nicht so schwer, jetzt kommt der Hustinetten-Bär»

Hat da jemand etwas gehustet? Einmal, zweimal? In diesem Fall gab es kein Entrinnen. Fröhlich singend, auf die Melodie des Volksliedes «Horch, was kommt von draußen rein» unter Verwendung der oben genannten Textzeile, stampfte der Hustinettenbär aus dem Wald heran. Unter dem Arm hielt er eine Tüte, die halb so groß wie er selbst war. Eine Hustinette, und der Fall war erledigt, die restlichen Lutschbonbons spendierte der nette

Bär den Umstehenden. Zum fröhlichen Schluss pfiffen immer alle mit – «Nehmt den Husten nicht so schwer …»

Die Hustinetten hatte 1966 das Hamburger Unternehmen Beiersdorf auf den Markt gebracht. Die Kräuterbonbons zum Lutschen waren eine neue Erfindung, davor gab es nur Lakritz und Pfefferminz. Die Comicfigur war von Anfang an dabei. 1972 wurde der Hustinetten-Bär hinter dem HB-Männchen und den Mainzelmännchen zur drittbeliebtesten Werbefigur des Landes gewählt. Und dann wurde auch der Hustinetten-Bär Opfer der Anpassung der Märkte, ein sehr frühes sogar. 1986 verkaufte Beiersdorf nicht eine Packung, sondern die gesamte Produktionslinie der Hustinetten an die Egger B.V. in Wien/Österreich.

Die Markenrechte für Deutschland liegen inzwischen bei Aldi Nord. Ohne Angabe von Gründen verschwand der Hustinetten-Bär aus der Fernsehwerbung. Auf der Verpackung ist er allerdings noch zu sehen. Und irgendwie hat man die Melodie – jedenfalls ab einem bestimmten Lebensalter – immer noch im Ohr: «Nehmt den Husten nicht so schwer …»

So, als wenn der Hustinetten-Bär gleich wieder um die Ecke kommt.

Der Bausparfuchs

Der Bausparfuchs pirscht sich schon seit Jahrzehnten mit einem hohen Maß an Raffinesse an seine Beute heran. Mit Vorliebe taucht er vorm Jahreswechsel in der Werbung auf und treibt vorwiegend Familien vor sich her.

«Stichtag 31. Dezember», kläfft er. Oh, ein Stichtag – schnell, schnell, schnell, sonst ist der Stichtag vorbei. Und damit hat Vati oder Mutti dann blöderweise eine riesige Chance zur Geldvermehrung verpasst. Denn wer den Stichtag verpennt, verzichtet auf die fette Prämie des Staates für Bausparer. Deshalb: Sei schlau wie ein Fuchs und nehme die Staatsknete mit. Bei dieser Hektik in der privaten Finanzwelt, ausgelöst durch einen zunächst gezeichneten und später animierten Fuchs, bleibt ein anderer, ebenfalls schlauer Gedanke auf der Strecke: Den Bausparvertrag könnte man ebenso gut nach dem 31. Dezember abschließen, dann gibt es die Prämie eben im nächsten Jahr. Der 2. Januar wäre dafür genauso gut geeignet wie der 21. August. Seit 36 Jahren bereichert der Bausparfuchs der Bausparkasse Schwäbisch Hall den Werbezoo. Zunächst eine dürre Figur mit spitzen Ohren und einer Brille auf der Nase, später immer wieder runderneuert, bis hin zu der zum Kassenbrillengestell passenden Kleidung (gelbes T-Shirt, Jeans, trägt auch mal Sonnenbrille).

Zehn Jahre lang, zwischen 1975 und 1985, war der Bausparfuchs alleinstehend. Seitdem tauchen in einigen Werbespots seine Gefährtin und zwei Fuchskinder auf, ganz offenbar ist der Bausparfuchs der leibliche Vater. Seine Aufgaben sind ohnehin gewachsen, Hektik verbreitet er nur noch vor dem Jahresende. Häufig taucht er mittlerweile völlig entspannt auf und verbreitet im Werbespot die tiefgreifende Erkenntnis: Bausparen ist Schlausparen. Für die Bausparkasse Schwäbisch Hall ist er längst so wertvoll geworden wie für Mercedes der Stern.

Füchse haben eine biologische Lebenszeit von vier Jahren, wenn sie nicht gerade bei einer Fuchsjagd in die ewigen Jagdgründe eingehen.

Der Bausparfuchs wird dagegen noch viele Stichtage überleben.

Als der Persil-Mann Helmut Kohl traf
«Da weiß man, was man hat»

Da klingt noch, fast 30 Jahre später, absolut seriös. Ein Satz, geprägt von Selbstbewusstsein. Und gerade deshalb wirkt die Aussage so verlässlich und muss als geglückte vertrauensbildende Maßnahme in der Geschichte der modernen Werbung eingestuft werden. Von 1975 bis 1983 beendete der Persil-Presenter seine Werbespots, die wie eine öffentlich-rechtliche Nachrichtensendung wirkten, mit der Abmoderation: «Persil, da weiß man, was man hat. Guten Abend». Ganz anders als der Calgon-Mann im plumpen Overall legte der Persil-Mann hohen Wert auf ein gepflegtes Äußeres: ein smarter 40-Jähriger, lockige Frisur, Sakko, Schlips, Kragen. Mehr sah man nicht, deshalb können hier leider Farbe und Beschaffenheit seiner Hose nicht beschrieben werden, theoretisch ist es sogar möglich, dass er gar keine anhatte. In diesem Aufzug wäre er in der Nähe einer Waschmaschine völlig fehl am Platze gewesen, so einer gehört ins Nachrichtenstudio.

Seine Aufgabe war, für Hersteller Henkel die besondere Qualität des Waschmittels Persil zu vermitteln: eine bessere Waschkraft, Schonung der Farben und Fasern, Enthärtung des Wasser und später Schonung der Umwelt – alle guten Eigenschaften, präsentiert als Nachricht, als wenn das Ganze immer wieder brandneu wäre. Mehr als hundert Werbespots sind mit dem Persil-Presenter zwischen 1975 und 1983 entstanden; Heiratsanträge und Fanpost von Frauen sollen zeitweise Waschkörbe gefüllt haben. Der rege Zuspruch verführte Hersteller und Presenter im Jahre 1995 zu einem Comeback-Versuch. Erkennbar ergraut und damit für die Pflege von Intensivfarben nicht mehr eine Idealbesetzung, sprach er nun über die Persil Megaperls Parfümfrei. Dann verschwand der Persil-Mann endgültig von der Bildfläche.

Der Persil-Mann hieß eigentlich Jan-Gert Hagemeyer und arbeitete auch als Journalist. Einer seiner Interviewpartner hieß Helmut Kohl. Da weiß man ja auch, was man hat.

Meister Proper und der Ohrring
«Meister Proper putzt so sauber, dass man sich drin spiegeln kann»

Sein Look war der damaligen Zeit weit voraus: hautenges, körperbetontes T-Shirt, Glatze und im linken Ohr ein großer Ring. Ein starker Typ, er vertreibt im Nu den Schmutz aus jedem Haushalt – bis alles wieder so glänzt wie seine Glatze.

Eine männliche Kombination, die Millionen Hausfrauen auf der ganzen Welt schwach werden ließ. Meister Proper ist ein Frauentyp, obwohl man das auf den ersten Blick gar nicht vermuten sollte.

Meister Proper erschien das erste Mal 1958 auf der Bildfläche. Schon damals trug er den Ohrring. Einen Ring am Ohr zu tragen, traute sich um diese Zeit eigentlich kein Mann, schon gar nicht in Texas. Für die beim Kauf eines Haushaltsreinigers entscheidenden Frauen sorgte der Ring im Ohr von Meister Proper offenbar für die notwendige Portion Seefahrer-Romantik, die in ihre Küchen und Badezimmer einziehen sollte. Ein kleines Abenteuer, das ruck, zuck für spiegelblanke Flächen sorgt – ein Frauentraum?

Meister Proper ist jedenfalls in vielen Ländern dieser Welt zu Hause. In den USA heißt er «Mister Clean», in Spanien «Don Limpio», in Italien «Mastro Lindo» und in Frankreich «Monsieur Propre».

1967 entschlüpfte er erstmals in Deutschland seiner Flasche. Seine Rolle: Der muskelbepackte Flaschengeist ist immer dann zur Stelle, wenn Hausfrauen verzweifeln. Dann scheuert er nicht nur alles blitzblank. Da bleibt auch eine Werbesekunde Zeit für einen kleinen Flirt.

Der erste «Mister Clean»-Darsteller in den USA, der Schauspieler House Peters jr., starb übrigens im Oktober 2008. Er wurde 92 Jahre alt. Fernab der Werbung ein schöner Beweis, dass Putzen keinem Mann schadet.

Uncle Ben in der Rassismus-Falle
«Gelingt immer und klebt nicht»

Uncle Ben ist ins Gerede gekommen. Das liegt nicht an dem Reis aus den Packungen, für die er wirbt, sondern an dem Aussehen der Werbefigur: ein schwarzer, älterer Herr im blauen Jackett und mit Fliege. Uncle Ben sieht aus wie ein Dienstbote einer reichen Pflanzerfamilie aus den Zeiten des Bürgerkriegs und der Schilder, auf denen stand: «Nur für Weiße». Ein Schwarzer als devoter Dienstbote? Darüber wird vermutlich bei uns kaum jemand nachdenken, in den USA dagegen ist das anders.

Fest steht: Eigentlich ist Uncle Ben politisch nicht korrekt. Verwirrender wird die Angelegenheit zunächst auch noch durch die Tatsache, dass der auf den Verpackungen abgebildete Uncle Ben gar nicht Uncle Ben ist. Der war nämlich schon tot, als das Reisprodukt erfunden wurde.

Schön der Reihe nach: Der Original-Uncle Ben war ein schwarzer Reisbauer aus der Nähe von Houston. Sein Reis soll besonders gut gewesen sein, unter den anderen Reisbauern in der Umgebung genoss Uncle Ben einen ausgezeichneten Ruf. Dies brachte in den vierziger Jahren des vergangenen Jahrhunderts den ersten Präsidenten von Converted Rice auf die Idee, seinen Reis nach Uncle Ben zu benennen. Für das Porträt stellte sich der Chef seines Lieblingsrestaurants zur Verfügung. Sein Bild ist bis heute auf den Verpackungen und in den Werbespots zu sehen. Mit Uncle Ben's hielt auch das Wort «parboiled» Einzug in die Werbesprache. Bei diesem Verfahren bleiben die Nährstoffe im Reis erhalten.

Uncle Ben's gehört mittlerweile zum Mars-Konzern, bei uns vor allem durch die Schokoriegel Mars und Snickers bekannt. In seinem Heimatland ist Uncle Ben zwar ebenfalls auf den Verpackungen abgebildet, in der Werbung spielte er in den vergangenen Jahrzehnten aber keine Rolle mehr. Der Konzern wollte offenbar keine schlafenden Hunde wecken und sich nicht den Vorwurf einhandeln, rassistische Werbung zu betreiben. Für den Fall der Fälle wurde bereits eine Legende entwickelt: Uncle Ben stelle keineswegs einen Dienstboten, sondern einen «Chairman» dar, vergleichbar einem Aufsichtsratsvorsitzenden in Deutschland.

Uncle Ben wird Präsident – ein wenig vergleichbar mit dem Aufstieg von US-Präsident Barack Obama. Doch welcher Chef heißt Uncle Ben? Der neue Präsident hat keinen Nachnamen – in dieser Position ist das auch in den USA ziemlich merkwürdig.

Die geniale Generalin
«General-gereinigt ist mehr als sauber»

Das Leben einer Hausfrau in den siebziger Jahren des vergangenen Jahrhunderts konnte sich beim Öffnen des Verschlusses eines Haushaltsreinigers schlagartig verändern. Beschwingte Militärmusik erklingt, auf ihrer Bluse prangen militärische Orden und Schulterstücke, und durch einen Blitzangriff sind die durch die eigenen Kinder verschmutzten Fliesen im Flur wieder blitzblank sauber.

Die Generalin, ab 1971 die Werbefigur des Haushaltsreinigers Der General von Henkel, war eine Kreuzung zwischen Funkenmariechen und einer beim Militär gedrillten Frau Saubermann.

Karneval in der Küche: Im Paradeschritt versprühte die Generalin gute Laune und eben den General. Eine aus heutiger Sicht krude Mischung. Frauen bei der Bundeswehr gab es noch gar nicht, und die Ausführung militärischer Aufträge hinterlässt zu allen Zeiten selten Fröhlichkeit. Sauber sieht es nach militärischen Angriffen auch nicht aus. Und Karneval wirkt außerhalb des Rheinlandes nicht wirklich ansteckend.

Doch trotz dieser enormen Widersprüche, von denen man noch weitere finden könnte, war die Generalin megaerfolgreich:

Nach den ersten fünf Monaten dieser Werbekampagne waren zehn Millionen Haushaltsreiniger verkauft. Genial war zweifellos die Namensgebung: Ein General ist natürlich der Beste, wenn es um Ordnung und Sauberkeit geht. Der Name demonstriert Überlegenheit.

Ein General ist mehr wert als ein Meister (Proper) und die anderen Konkurrenten. Als einer der Ersten setzte der General Bioalkohol ein, der die hartnäckigen Verschmutzungen des Bodens lösen sollte. Wenn man so will: Es war der Beginn der biologischen Kriegsführung in der Küche.

Der erste Biber, der seine Zähne putzt

Zum deutschen Werbezoo gehören neben sechs Bären auch zwei Biber. Der Obi-Biber und der Dentagard-Biber. Diese Exemplare wollen wir an dieser Stelle näher betrachten: Der Obi-Biber machte in seiner Glanzzeit einen sehr cleveren Eindruck, deshalb kaufte er ja auch im preisgünstigsten Baumarkt ein. Allerdings hat er sich in den endlosen Gängen offenbar verlaufen, er wurde jedenfalls seit Jahren nicht mehr gesehen in der Werbung des Baumarktes. Wen hätte er auch nach dem Weg fragen können, denn Fachpersonal sucht man bekanntlich in allen Baumärkten häufig vergeblich. So irrt der Obi-Biber vermutlich immer noch umher und geriet offenbar auch bei seinen Namensgebern in Vergessenheit. Obi ist übrigens keine Abkürzung – es ist die Lautschrift des französischen Wortes Hobby. Wer die Lautschrift auch laut ausspricht, kommt darauf. Der Obi-Biber war als Wort-Bild-Marke in Frankreich erfunden worden.

Auch der Dentagard-Biber hat sich offenbar für immer die Zähne ausgebissen. Wo ist er geblieben? Endlose Termine beim Zahnarzt? Tierfriedhof, weil er nach dem Zernagen diverser Baumstämme mit seinen Kräften am Ende war?

Als Werbeträger für eine Zahncreme war er eine Idealbesetzung. Gesunde Zähne, kräftiges Zahnfleisch – für einen Biber unerlässlich, schließlich gibt es für ihn keine Implantate. Ein Biber lebt in der Natur, für die Werbung ein zweiter Vorteil: Der Biber hat also nicht nur beste Zähne, sondern steht auch für Natürlichkeit. Und darum ging es, als Dentagard 1985 den Biber freisetzte, begleitet von der Einführung grüner Streifen in der Zahncreme. Von nun an sollten Kräuterextrakte Zahnfleisch und Zähne pflegen.

Zu den Hauptaufgaben des Bibers gehörte in den Folgejahren das schnelle Durchbeißen von Baumstämmen, die seinen Weg kreuzten. Vergnügt und blitzschnell zerlegte der gezeichnete Biber in den Werbespots Hunderte von Bäumen. Seine Zähne hielten durch, waren groß, immer fest, immer strahlend, aber vielleicht war die Ernährung mit Holz doch auf die Dauer zu einseitig.

Die drei Musketiere
«Männer wie wir – Wicküler Bier»

Seit 1963 ritten die Romanhelden von Alexander Dumas für Wicküler Pilsener durch die Gegend. Drei Draufgänger, die keinem Abenteuer aus dem Weg gehen, jeden Kampf gewinnen, zwischendurch gern ein Pils trinken und dennoch nie betrunken von ihren Pferden fallen. Die Saufbolde passten wie die Faust aufs Auge zur Werbung für ein Bier, das zu damaligen Zeiten ein absolutes Männergetränk war. Wer damals auf die Idee gekommen wäre, den Alkoholgehalt zu verringern, hätte Lokalverbot auf Lebenszeit erhalten.

Doch dann rollte die Premium-Welle in der Werbung heran, mit Wortgebilden wie «besonders edel» oder «von bester Qualität». Saufen und raufen reichte nicht mehr. Deshalb verschwanden Mitte der siebziger Jahre die drei Musketiere in der Versenkung. Ohne sie erfüllte der Bierabsatz allerdings nicht die

Premium-Erwartung des Herstellers, und die drei Musketiere kehrten zurück. So recht saufen und raufen durften sie allerdings nicht mehr.

Sie traten nun als edle Ritter auf, die der untergehenden Abendsonne entgegenreiten und sich vermutlich erst nach Feierabend ein gepflegtes Premium-Pils eingießen. Und dachten in diesem Augenblick an die alten Zeiten, als Musketiere noch echte Männer und keine mit Premium-Pils weichgespülten Schlapphutträger sein durften.

Frustriert wechselten die drei Musketiere den Arbeitgeber. Seit 1997 trinken sie nicht mehr, sondern essen Hanuta von Ferrero. Auf die Dauer schmeckten dem Hersteller aber die belanglosen Abenteuer der drei Musketiere nicht mehr. Sowohl als Roman- als auch als Werbefiguren haben sich die Degenträger abgenutzt. Kurzfristig mussten drei Comedians aus dem Spielfilm «Die sieben Zwerge – Männer allein im Wald» ran. Eine große Umstellung war dies für Mirco Nontschew, Bernhard Hoëcker und Martin Schneider sicherlich nicht. Doch auch sie konnten die drei Musketiere nicht mehr vor dem Untergang retten.

Die Tiger-Wahl

In der Geschichte der Bundesrepublik Deutschland gab es einige spannende Wahlkämpfe: das Duell zwischen Helmut Schmidt und Franz Josef Strauß etwa, davor die Wahl von Willy Brandt («Willy wählen») zum Bundeskanzler oder die skandalträchtigen Wahlen mit Uwe Barschel und später Heidi Simonis in Schläfrig-Holstein. Fast vergessen ist heute eine Entscheidung, die an Unterhaltungswert kaum zu überbieten war: das Wahlduell 1968 zwischen dem Esso-Tiger und dem Esso-Werbeleiter.

Stimmzettel, Pressekonferenzen und eine machtvolle Demonstration der Tankwarte von Esso für den Tiger – da war alles drin. Wählt den Tiger!

Völlig irre und dabei absolut trendy. Die Wahlschlacht um den Esso-Tiger war ein Vorbote des Machtwechsels in der Regierungshauptstadt Bonn. Mit Willy Brandt wurde 1969 nach zwanzig Jahren erstmals ein Sozialdemokrat Bundeskanzler. 1972 folgte die «Willy-Wahl». Arbeiter legten die Arbeit nieder, um für ihren Bundeskanzler zu demonstrieren – das hatte es vorher noch nie gegeben.

1968 gab es im Werbeabendprogramm eine überraschende Mitteilung. «Guten Abend, meine Damen und Herren, ich habe eine wichtige Mitteilung zu machen: Ich habe entschieden, dass der Esso-Tiger seine Rolle ausgespielt hat», teilte der Werbeleiter der Esso AG mit.

Und dann holte Werbeleiter Jürgen Schneidewind erst richtig aus: «Ab April ist Schluss mit seinen Witzen. Ich selbst werde Ihnen über die Esso-Produkte berichten. Der Tiger geht.»

Das war der Beginn einer äußerst originellen Werbekampagne. Denn der Esso-Tiger schlug in den folgenden Tagen mit eigenen Werbespots zurück, es gab sogar eine Diskussionssendung zwischen Werbeleiter und Tiger («Seine Zeit ist vorbei»), eine Pressekonferenz mit dem Tiger («Ich habe mehr zu bieten als nur Spaß. Mein Programm heißt Fortschritt») ohne den Werbeleiter und eine Demo der Esso-Tankwarte, die zur Tiger-Wahl aufriefen.

Aufgebrachte Bürger meldeten sich in den nächsten Werbespots zur Wort: «Was soll ich mit dem Werbeleiter in dem Tank?» In jeder Esso-Tankstelle stand eine Wahlurne, auf dem Wahlzettel: Werbeleiter oder Tiger. Im Gegensatz zu anderen Wahlen konnte jeder hier so viele Stimmen abgeben, wie er wollte. Der Tiger gewann wie erwartet die Werbewahl haushoch, der Werbeleiter verschwand in der Versenkung. Die Wahl war allerdings auch für den Tiger ein grandioses Ende. Zum Erstaunen der Zuschauer wurden noch 1968 die Werbespots von einem Tag auf den anderen eingestellt. Den Tiger abgeschossen – die späte Rache des Werbeleiters.

Es war der erste Hype, den eine Werbefigur auslöste. Aus Tausenden von Tanks ragte damals der Tigerschwanz, hunderttausend Tiger aus Stoff saßen hinter den Heckscheiben, es gab Tiger-T-Shirts, und das «Time Magazine» verkündete sogar das «Jahr des Tigers». 1965 riefen alle: «Pack den Tiger in den Tank.» Über 45 Jahre später ist dieser Werbespruch immer noch nicht vergessen.

Ausgerechnet in Norwegen sollen die ersten Esso-Tiger aufgetaucht sein. Anfang 1900 wurde auf den Zapfsäulen für das «Tiger Benzin» geworben. Warum ein Tiger? Weil ein Tiger in Norwegen garantiert auffällt? Historische Einzelheiten konnten später nicht mehr geklärt werden, denn der Esso-Tiger setzte ohnehin zu seinem Sprung nach England an. Mitte der dreißiger Jahre wurde dort der Esso-Tiger erstmals gesehen, verfiel aber während des Krieges in eine Schockstarre, wegen der Benzin-Rationierung machte Werbung keinen Sinn. Wahrscheinlich wäre dieser Tiger ohnehin längst ausgestorben, wenn es 1959 in Chicago nicht einen jungen Werbetexter gegeben hätte, der den Einfall seines Lebens hatte: «Put a Tiger in Your Tank». Gleichzeitig wandelte sich das Aussehen: kein gefährliches, wildes Tier mehr, sondern eine drollige Wildkatze. 1965 wurde die Botschaft des Tigers in acht Sprachen übersetzt und überall zum Selbstläufer.

Doch schon drei Jahre später verschwand der Esso-Tiger bereits wieder in der Versenkung. Nur gelegentlich ließ ihn der Konzern wieder frei, etwa für die Werbung des neuen Dieselkraftstoffs: «Nase auf beim Dieselkauf».

1975 folgte in England die Rückbesinnung auf das natürliche Revier des Tigers. Der Werbefilm zeigte einen echten Tiger und am Ende den Slogan: «Es gibt viel zu tun. Packen wir's an.»

Der Junge auf der Kinderschokolade

Wer ist der Junge auf der Kinderschokolade? Das Bild für die Verpackung der Schokolade, die Kindern angeblich besonders guttut, entstand 1973. Es ist eines der bekanntesten Gesichter dieses Landes. Ein Lausbubengesicht seiner Zeit, die Haare bedecken die Ohren und sind nicht besonders ordentlich gekämmt. Bis zum Jahre 2005 herrschte Rätselraten über die Identität der Werbefigur. War es der Schauspieler und spätere Moderator Thomas Ohrner? Angeblich soll sich sogar das zuständige Finanzamt bei ihm erkundigt haben, wo er denn seine Einnahmen durch die Werbung mit der Kinderschokolade versteuert habe. Ohrner dementierte. In manchen Kneipen sollen sich zu später Stunde Gäste als Gesicht der Kinderschokolade zu erkennen gegeben haben. Behaupten konnte das so gut wie jeder, denn nach drei Jahrzehnten ließ sich eine Ähnlichkeit mit der Originalaufnahme ohnehin nicht mehr feststellen. Das Gesicht gehört in Wirklichkeit dem Filmemacher und Kameramann Günter Euringer aus München, der sich erst 32 Jahre nach dem Fototermin für Schokoladenhersteller Ferrero zu erkennen gab und darüber ein Buch schrieb. Sein damaliges Honorar für das Foto: 300 Mark. «Die meisten denken, ich sei steinreich», schreibt Euringer in seinem Buch. Das Originalfoto von 1973 wurde im Laufe der Zeit immer wieder verändert. Die Haare kürzer, jetzt mit sichtbaren Ohren, die allerdings nicht vom Originalkind stammen können, die Zähne korrigiert, das Augenlid höher.

Erst 2005 wurde Euringers Gesicht auf der Packung durch ein komplett neues ersetzt. Wer das war? Das Rätselraten kann von vorne beginnen.

Nonnen im Afri-Cola-Rausch

Deutschland im berühmt-berüchtigten Jahr 1968. Ein zerrissenes Land. Noch regiert die Große Koalition unter Bundeskanzler Kiesinger, Ruhe gilt immer noch als erste Bürgerpflicht. Doch davon wollen die Studenten, die auf den Straßen der Großstädte demonstrieren, nichts mehr wissen,. Die ersten Barrikaden brennen, Kommunen gründen sich, und es kommt zu Experimenten mit verbotenen Drogen. So weit dieses Jahr im Schnelldurchlauf. Auch in der Welt der Werbung ist nichts mehr so, wie es war. Wie ein verfilmter LSD-Trip wirkt der neue Spot für Afri-Cola. Umwerfend schöne Nonnen stammeln wie im Rausch verwirrende Sätze, hinter einer beschlagenen Scheibe und unterlegt mit psychedelischen Klängen. Die Afri-Cola-Nonnen sind bis heute unvergessen, dahinter stand 1968 Deutschlands verrücktester Werbeschaffender. Der Mann im gelben Overall – Charles Wilp.

«Sexy-mini-super-flower-pop-op-cola, alles ist in Afri-Cola» hieß die Botschaft in diesen Zeiten des Umbruchs. In Ordenstrachten drückten sich berühmte Models der sechziger Jahre wie Marsha Hunt, Donna Summer und Amanda Lear an die beschlagenen Glasscheiben.

So lasziv, so sexy war Werbung noch nie. Und so durchgeknallt auch noch nie, hier ging es nicht nur um eine Brause, sondern um ein Lebensgefühl. Kirche und Konservative empörten sich öffentlich – doch wer hörte ihnen beim Anblick dieser Nonnen noch zu?

Die Idee soll Charles Paul Wilp, 1932 in Berlin geboren, bei einem Besuch des US-Raumfahrtzentrums in Huntsville (Alabama) gekommen sein, wo zu der Zeit die Saturn-V-Rakete gebaut wurde. Wilp beobachtete die Eisblumenbildung an den Fenstern der Umzugskabinen in der Lagerhalle des Raumfahrtzentrums, ausgelöst durch tiefgekühlten flüssigen Sauerstoff. Hinter den Fenstern hatten die Raumfahrtexperten Pin-ups gehängt.

Die Aufnahmen mit den Nonnen entstanden dann in dem Düsseldorfer Werbestudio von Wilp. Die Models mussten ihre Brüste gegen eine vereiste Scheibe pressen. «Die Zungen wären doch nie so weit herausgekommen, wenn der Busen nicht das Eis berührt», erinnerte sich später Wilp.

Er selbst war damals durchaus auch eine Marke. Gekleidet in einem gelben Overall mit weißen Saffian-Stiefeln an den Füßen, war Charles Wilp der Werbe-Gott seiner Zeit. Wilp, im heimischen Düsseldorf ein Freund des Künstlers Joseph Beuys, hatte bereits den VW-Käfer in der Werbung zum Laufen gebracht («Er läuft und läuft und läuft») und den Puschkin-Bären in die Wildnis geschickt.

In der Werbung führten ein Darsteller im Bärenkostüm und eine Art moderner Lederstrumpf, Frank S. Thorn genannt, kernig klingende, aber sinnfreie Dialoge und füllten sich dabei mit Wodka ab. Schlachtruf des Gelages: «Für harte Männer». Puschkin, damals von vielen für einen russischen Staatsmann gehalten, erzielte Rekorde beim Absatz.

Der Bär und sein Freund wurden zum (schlechten) Vorbild für eine Generation von Halbstarken und Möchtegern-Machos.

Wilp, im Januar 2005 in Düsseldorf an Krebs gestorben, hatte auch in eigener Sache einen ungewöhnlichen Verkaufserfolg. Er brachte eine Schallplatte mit dem Titel «Tanz der Leere» auf den Markt. Die Langspielplatte zum Preis von damals 18 Mark wurde über 20 000 Mal verkauft. Zu hören war lediglich das Kratzen der Nadel des Schallplattenspielers.

Das Zauberkreuz
«Mein Hüfthalter bringt mich um»

Ein typisches Gespräch unter Frauen, Anfang der sechziger Jahre des vergangenen Jahrhunderts in einem Büro irgendwo in den USA, vielleicht war es Detroit.

Zwei Sekretärinnen sitzen sich an Schreibtischen gegenüber, die eine tippt munter und vergnügt auf ihrer vorsintflutlichen Schreibmaschine, die andere greift sich mit einem gequälten Gesichtsausdruck an ihren Bauch und scheint akute Probleme mit der Atmung zu haben, sie schnappt nach Luft. Nur einen Satz kann sie noch ausstoßen: «Mein Hüfthalter bringt mich um.»

Ihre Kollegin schaut trotz dieser besorgniserregenden Nachricht nicht auf, sondern tippt fleißig weiter. Denn: «Ich trage Playtex-Zauberkreuz.»

Ungeklärt ist bis heute, warum die erste Sekretärin ihren Hüfthalter nicht einfach auszog, bevor er sie tatsächlich umbrachte. Besser halb nackt als tot, oder?

So ist er also zum ersten Mal gefallen, jener merkwürdige Satz, der heute noch gern zitiert wird. «Mein Hüfthalter bringt mich um» – auch wenn er oder sie gar keinen trägt und es eigentlich um den passenden Sitz der Unterhose geht.

Was heute kaum noch jemand weiß: Der Hüfthalter für Frauen reichte von oberhalb der Taille über den Po bis zum Ansatz der Oberschenkel und war fest geschnürt. Das tägliche Tragen war nachvollziehbar eine Tortur.

Für den gleichen Effekt, nämlich eine gerade Köperhaltung, sollte in den sechziger Jahren der Zauberkreuz-BH der Firma Playtex sorgen. «Seine über Kreuz laufenden Bänder sorgen für einen natürlichen Sitz», so der Hersteller.

Dazu im Angebot: die 18-Stunden-Miederhose mit eingesetztem elastischem Vorderteil. Beides kann heute noch bestellt und getragen werden.

Vor allem aber hat die grobe Vernachlässigung der Miederwaren während und nach der Frauenbewegung dafür gesorgt, dass dieser Satz nur noch ganz selten eine Berechtigung hat. Der Hüfthalter hat sich selbst umgebracht.

Lurchi und seine Freunde
«Lange schallt's im Walde noch: Salamander lebe hoch»

Die Wahl eines Feuersalamanders als Werbefigur für Kinderschuhe kann man bei genauerem Hinsehen durchaus für erstaunlich halten. Denn in der Mystik gelten Salamander als Boten der Hölle und als Zeichen für Freimaurerei. Die Beliebtheit von Lurchi hat allerdings keineswegs unter diesem Widerspruch gelitten, von den Bildbänden mit der Comicfigur sollen über 300 Millionen Exemplare verkauft worden sein – nicht schlecht für die Werbefigur eines Schuhherstellers.

Schon 1904 ließ der Berliner Schuhhändler Rudolf Moos den gelbfleckigen Lurch als Markenzeichen für den Verkauf von Schuhen aus der Kornwestheimer Schuhfabrik Sigl schützen. Ein cleverer Marketingstratege seiner Zeit, dieser Schuhhändler aus Berlin. Denn die neuen Salamander-Schuhe bot er zum Einheitspreis an. Bei seinem Ausscheiden aus dem Deal mit der Schuhfabrik kassierte Moos eine Abfindung von einer Million Goldmark für die Überlassung des neuen Markenzeichens – eine damals wie heute gigantische Summe.

Lurchi lernte 1937 sprechen. Die erste Version der Lurchi-Abenteuer dichtete der Generaldirektor der Salamander AG in Kornwestheim noch selbst, dann musste sein Werbechef, Erwin Kühlewein, ran.

Zusammen mit dem Zeichner Heinz Schubel ersann er immer neue Abenteuer von Lurchi, erst in Anzeigen und Kundenzeitschriften, später auch für sieben Sammelbände. Bis in die siebziger Jahre hinein waren die Bildbände ein begehrter Lesestoff. Lurchi blieb nicht allein, in seinen Abenteuern stehen ihm fünf treue Freunde bei:

der Frosch Hopps, der Zwerg Piping, der Mäuserich Mäusepiep, ein Igel mit dem überraschenden Namen Igelmann und die Gelbbauchunke Unkerich.

Egal, was diese Tiere, die selbstverständlich alle festes Schuh-werk tragen, auch anstellen, jedes Abenteuer endet mit einem Reim, der nur gelegentlich abgewandelt wird: «Lange schallt's im Walde noch: Salamander lebe hoch.»

Frisch geduscht von der Klippe
«Cliff erfrischt, dass es zischt»

Acapulco in Mexiko. Wer hier vom Felsen La Quebrada 36 Meter tief in den Pazifik springt, gilt weltweit als Todesspringer. Denn wer nicht weit genug springt, landet nicht im Wasser, sondern auf den tiefer gelegenen Felsen und wird mit Sicherheit nie wieder in seinen Leben springen können, sofern er überhaupt noch lebt. Zudem ist die Wassertiefe nur bei Flut sicher, beim Aufprall lastet auf dem todesmutigen Springer das 35-Fache des eigenen Körper-gewichts. Trotz dieser großen Gefahren bekamen die mexika-nischen Perlentaucher, die diesen Sprung erfunden hatten, im Jahre 1984 einen beinharten Konkurrenten: den Klippenspringer von Cliff.

Im Gegensatz zu den mexikanischen Originaltodesspringern steht er vor dem Sprung erst einmal stundenlang unter der Dusche und benutzt dabei das Duschgel Cliff von Blendax. Offenbar ein gutes Erfolgsrezept, denn in dem Werbespot landet er zwischen Juli und September 1993 nicht einmal zerschmettert auf den Fel-sen. Gedreht wurde übrigens tatsächlich in Acapulco, über Ver-letzte oder Tote während der Dreharbeiten ist auch später nie etwas bekannt geworden. «Cliff erfrischt, dass es zischt» hieß der Slogan.

Das musste man so hinnehmen, die Überprüfung des Wahr-heitsgehalts dieser Werbeaussage scheiterte für den gewöhnli-chen Duschgel-Konsumenten nicht zuletzt an den hohen Kosten für einen Flug nach Mexiko, selbst wenn man vorsichtshalber nur den Hinflug gebucht hätte.

Die Frosch-Perspektive

Für Schuhe sind Frösche die idealen Werbeträger. Diese Erkenntnis überrascht zunächst vielleicht, denn Frösche tragen bekanntlich keine, noch nicht einmal atmungsaktive Gummistiefel. Dennoch sind folgende Gemeinsamkeiten nicht von der Hand zu weisen. Stellen wir uns mal vor, unsere Schuhe hätten Augen und könnten folglich sehen: Der Blick wäre zweifellos wie aus der Perspektive eines Froschs. Und die Haut des Frosches schützt vor Regen und Nässe, so wie die Schuhe unsere Füße schützen. Und wenn dann noch der Frosch mittels einer dreizackigen Krone zum Froschkönig wird und damit für Qualität steht, ist die Verbindung perfekt, was zu beweisen war.

Der Erdal-Frosch des Mainzer Schuhpflegemittelherstellers Werner & Mertz erblickte bereits 1903 das Schweinwerferlicht. Zunächst trug er Grün, später Rot, dann wieder Grün. Die Krone auf seinem Kopf verlor im Laufe der Zeit einige Zacken, erst waren es fünf, seit 1971 sind es nur noch drei. Erst sah er ziemlich grimmig und geradezu dümmlich aus, daraus wurde ein kundenfreundliches Lächeln. Bei der Entstehung stand ohne Zweifel das Märchen der Gebrüder Grimm «Der Froschkönig» Pate.

Den größten Erdal-Frosch aller Zeiten gab es anlässlich des 100-jährigen Jubiläums der Marke im Jahre 2001: Ein zwölf Meter hoher und 400 Kilogramm schwerer Plastikfrosch wurde auf das Lagergebäude des Mainzer Pflegemittelherstellers gesetzt. Dabei verlor dieser Frosch allerdings das, was ihn sonst auszeichnet: die Froschperspektive.

Macht die Lila Kuh Kinder dumm?
«Die zarteste Versuchung, seit es Schokolade gibt»

Mindestens 20 Rindviecher aus dem Simmertal im Berner Oberland mussten in den vergangenen Jahrzehnten als Lila Kuh von Milka herhalten. Mit wasserlöslicher Farbe und unter der Aufsicht eines Tierarztes wird die linke Kuhseite (gilt in diesem doppelten Sinn als Schokoladenseite einer Kuh) zum lila Vorzeigefell, der Name wird mit einer Schablone aufgetragen. Und wozu das Ganze? Am Ende denken Schulkinder, alle Kühe seien lila. Großstadtkinder kennen mittlerweile nur die Milka-Kuh, so die Befürchtung vieler Pädagogen, die Werbung noch nie getraut haben. Was dabei oft vergessen wird, das Ganze ist auch ein Fall für beschäftigungslose Tierschützer: Was ist eigentlich aus den Rindviechern geworden, die lila-getränkt für Milka auf der Alm standen?

Eine Kuh wurde bereits 1901 auf einer Schokoladenverpackung der Firma Suchard abgebildet. Allerdings war die Kuh damals weiß und der Hintergrund lila. Auf die Idee mit der lila Kuh sollen die Werbeleute auf einer Zugfahrt gekommen sein. Erst sahen sie die lila Milka-Zentrale, dann Kühe auf der Weiden. Zack – die Idee war da. Kühe gelten als gutmütig und nützlich, mütterlich und gelassen. Den Zusammenhang mit einer leckeren Schokolade kann man sich da schon irgendwie vorstellen.

1973 wurden die ersten Werbespots mit der Milka-Kuh gedreht, bis heute sind es weit über hundert. Ständiger Slogan: «Die zarteste Versuchung, seit es Schokolade gibt».

Kommen wir zu der entscheidenden Frage: Führt die Dauerpräsens der lila Gefleckten zu einer Verblödung nachwachsender Generationen, weil sie eine normale Kuh weitaus weniger häufig sehen? Die Folgen der Milka-Werbung sind nur einmal wissenschaftlich erforscht worden, und das ist auch eine Weile her. Bei einem Wettbewerb im Bundesland Bayern sollten 1995 40 000 Schulkinder eine Kuh ausmalen: Jedes dritte Kind griff damals zur Farbe Lila. Den Ängste der Pädagogen, Kinder könnten die Milka-Kuh für einen festen Bestand der Tierwelt halten, haben mittlerweile Generationen von Kindern aus Schulen und Kindergärten die obligatorischen Pflichtbesuche beim Bauern zu verdanken.

Die Kühe für die Werbung kommen aus dem Berner Oberland in der Schweiz. Es handelt sich um das Simmentaler Höhenfleckvieh, jeweils rund 800 Kilogramm schwer. Die erste Kuh hieß Adelheid, bereits vorher mehrfach preisgekrönt.

Der Einsatz von lebenden Tieren für Werbezwecke ist allerdings nicht ohne Risiko. Da kann schon mal die Frage nach der artgerechten Haltung der Tiere aufkommen, deshalb der Tierarzt bei der Bemalung der Kuh.

Und wie bei der Weihnachtsgans des ehemaligen Bundeskanzlers Schröder kann es passieren, dass die Öffentlichkeit Anteil nimmt und Partei ergreift für das weitere Schicksal des Tieres. Das geschah in Sachen Lila Kuh im Jahre 1991: Die bewährte Lila-Kuh-Darstellerin Schwalbe sollte nach Beendigung ihrer Tätigkeit in der Werbeindustrie zum Schlachter.

Da war was los! Es hagelte Proteste, die Emotionen gingen hoch, der Marke drohte Schaden. Also durfte Schwalbe weiterleben. Zwei Jahre lang, dann kam sie wegen eines akuten Arthroseleidens doch zum Schlachter. Aber da war schon Gras über die Sache gewachsen.

Was soll man auch mit lila Kühen machen, die nicht mehr für Aufnahmen gebraucht werden? Klar, waschen, aber dann? Ewig mit Schokolade durchfüttern, bis sie im Stall wegen Fettleibigkeit umfallen?

Der Dash-Reporter
«Dash wäscht so weiß, weißer geht's nicht»

Mit weißer Wäsche lässt sich viel Kohle machen. Die Schlacht um die Gunst der Hausfrau und damit um Marktanteile in Milliardenhöhe tobte Anfang der sechziger Jahre besonders heftig.

Lever Sunlicht, Procter & Gamble und Henkel lieferten sich einen erbitterten Kampf, ihre Krieger hießen Weißer Riese, Ritter Ajax und die unerschrockene Klementine. 1964 schickt Procter & Gamble zusätzlich den Dash-Reporter an die Front, Lever Sunlicht schickt ihn im Gegenzug den OMO-Reporter auf die Fersen. Rund 14 Millionen D-Mark soll damals der Werbeeinsatz des Dash-Reporters gekostet haben. Höhepunkt dieser nervenaufreibenden Werbeschlacht:

Der Dash-Reporter bietet öffentlich einen Zentner Dash gegen zwei Zentner Persil. Der Dash-Reporter war im Werbefernsehen täglich im Einsatz, das Ergebnis seiner hektischen Umfragen unter Deutschlands Hausfrauen war selbstverständlich immer das gleiche:

«Dash wäscht so weiß, weißer geht's nicht». Irgendwie erinnert diese Werbemasche an die damalige «Bild»-Zeitung: laut, marktschreierisch und nie so ganz überzeugend.

Mehr Glaubwürdigkeit sollte ab 1971 der Schauspieler und Moderator Dietmar Schönherr vermitteln. Er machte den Hausfrauen ein ganz besonderes Angebot: Für eine Packung Dash gab es die doppelte Menge eines anderen Waschmittels. Die überraschende Antwort der befragten Hausfrauen: «Ich bleibe bei Dash.»

Ähnliche Dialoge lieferte auch der OMO-Reporter. Pausenlos sprach er mit Hausfrauen, die OMO lebenslange Treue schworen. Als Beweis für die «Durchdrehungskraft» des Waschmittels erfanden die Werber 1970 den OMO-Knotentest. Ein verschmutztes, verknotetes Küchenhandtuch wurde angeblich nicht nur außen, sondern auch innen sauber. «OMO – die Kraft, die durch den Knoten geht». Die Stiftung Warentest und das ARD-Magazin «Monitor» nahmen diese Werbung beim Wort, machten den Test und kamen zu einem ganz anderen Ergebnis: Nach dem Entknoten des Küchenhandtuchs war der Fleck immer noch drin. Daraufhin löste OMO den eigenen Knoten auf, und zwar für immer.

Rom, die Sonne brennt

Für Vielflieger gibt es seit 1988 nur ein Haarspray, das sie verwenden sollten: Drei Wetter Taft. Die Sätze aus dem Werbespot haben sich aber auch in die Hirne der Fernsehzuschauer eingebrannt, die nicht ständig zwischen Hamburg, München und Rom pendeln. Im Gegensatz zu den Vielfliegern, die für nichts anderes Zeit haben, gibt es für die Normalsterblichen allerdings auch eine Alternative: den Besuch des Gard-Haarstudios.

Wie war das noch mal mit Sonne und Regen in Hamburg und Rom? Hier zur Erinnerung der Originaltext:

«Hamburg, 8 Uhr 30, wieder mal Regen. Perfekter Halt fürs Haar – Drei Wetter Taft. Zwischenstopp München, es ist ziemlich windig. Perfekter Sitz – Drei Wetter Taft. Weiterflug nach Rom, die Sonne brennt. Perfekter Schutz – Drei Wetter Taft.»

Durch die zeitweilige Dauerpräsens des Werbespots blieb der Eindruck nicht aus, die Trägerin der geföhnten Lockenpracht würde nie ankommen, sondern ständig nach Rom und zurück fliegen, weil ihre Frisur dabei besonders gut sitzt. Anfangs verteilte sich das Haarspray auf drei Vielfliegerinnen, später flog nur noch eine die Strecke Hamburg–München–Rom. Sie durfte erst 1996 das Flugzeug für immer verlassen, an der Gangway stand ihre Nachfolgerin.

Wer es bodenständiger mag, ist beim Gard-Haarstudio an der richtigen Adresse. Vorteil: Es gibt keine Verspätung, die bei einem Flug jederzeit möglich ist. Das Gard-Haarstudio hatte pünktliche Öffnungszeiten: jeden Donnerstag zwei Minuten vor halb acht im ZDF. Allerdings hatte das Studio nur sechzig Werbesekunden lang geöffnet. Das reichte offenbar, um grundlegende Probleme mit dem Haupthaar ein für alle Mal zu lösen.

Denn die Lösung war immer dieselbe: «Sie wissen es, meine Damen. Am besten pflegt man Haar mit dem Gard-System. Auf Wiedersehen im Gard-Haarstudio.»

Vermutlich wegen der aufkommenden Diskussion um Billiglöhne im Friseurhandwerk ist das Gard-Haarstudio leider inzwischen geschlossen. Der Drei-Wetter-Taft-Flieger ist dagegen immer noch unterwegs. Die richtige Buchung lautet: Hamburg–München–Rom, Haarspray nicht vergessen.

«Tötet Onkel Dittmeyer»
«Entweder frisch gepresst oder Valensina»

Was soll man davon halten? Ein älterer Mann nähert sich kleinen Kindern, die unschuldig auf einer Obstplantage spielen. Er spricht sie an, ist zunächst aber selbst nicht zu sehen. Die Kleinen sollen seinen Saft trinken, drängt der Alte. So ganz genau ist er dabei nicht zu erkennen, die Kamera bleibt in der Totalen. Was will der seltsame Onkel von den Kindern? Müssen die seinen Vitaminsaft trinken? Warum lässt er sie nicht in Ruhe? «Entweder frisch gepresst oder Valensina» lautet der Schlussappell des Strohhut-Trägers. Wer sollte hier gepresst werden? Ist der gute, alte Onkel Dittmeyer in Wirklichkeit pädophil veranlagt und will den Kindern an die Wäsche? Keine andere Werbefigur hat so viele Höhen und Tiefen erlebt wie Onkel Dittmeyer. Erst bewundert, dann belächelt, am Ende pleite.

Rolf H. Dittmeyer hatte nach seiner Entlassung aus amerikanischer Kriegsgefangenschaft für Edeka ein Vertriebsnetz für frische Früchte aufgebaut. Mit einer in seiner Garage entwickelten Idee machte der gebürtige Mecklenburger sich 1960 selbständig: eine Abfüllanlage für Fruchtsaft in Pfandflaschen, bis dahin war der Saft in Dosen abgefüllt worden. Der Saft sollte dort in die Flaschen, wo die Früchte wachsen. Seine Frau Hannelore erfand den Firmennamen: Valensina, 1975 kam die Marke Punica dazu. 9000 leere Flaschen ließ Dittmeyer per Schiff nach Marokko transportieren und baute dort die größte Abfüllanlage Nordafrikas auf. Als Dank wurde er später von der Regierung Marokkos enteignet. An der spanischen Atlantikküste ließ Dittmeyer die größte Orangenplantage Europas anlegen. Die eigene Ernte wurde jedoch direkt verkauft und landete nicht in seinen Flaschen.

Dittmeyer hielt sich selbst für am geeignetsten, um seit Anfang der achtziger Jahre des vergangenen Jahrhunderts in den Valensina-Werbespots aufzutreten.

Zum einen war er auch damit erfolgreich, zum anderen eben auch unfreiwillig komisch. Der Überlieferung nach wollte er nicht ständig auf der Straße erkannt werden – deshalb war er häufig nur schemenhaft zu sehen, der erste Grund für eine Reihe von Missverständnissen. Dittmeyer, damals bereits 60 Jahre alt, wirkte im Umgang mit den Kindern – gedreht wurde auf seiner Plantage in Spanien – deplatziert und war in den achtziger Jahren zunehmend die Zielscheibe von Spott und Häme.

Trauriger Höhepunkt: Die Osnabrücker Punkband «Die angefahrenen Schulkinder» lässt T-Shirts drucken mit der Aufschrift «Tötet Onkel Dittmeyer». Der Betroffene klagt, das Verfahren wird jedoch eingestellt. Mehr Erfolg hatte in dieser Hinsicht übrigens die Tennisspielerin Steffi Graf, die mit einer Unterlassungsklage in dritter Instanz vor dem Bundesgerichtshof ein Verbot des Songs «I want to make love to Steffi Graf» der Angefahrenen Schulkinder durchsetzen konnte.

Nach seinem Hörsturz verkaufte der 63-jährige Dittmeyer seine Firma an den Multikonzern Procter & Gamble. Doch er fand keine Ruhe. Im Alter von 77 Jahren kaufte er 1998 Valensina zurück, angeblich für umgerechnet 21 Millionen Euro. Zu viel, so Insider des Saftgeschäftes. Und sie hatten recht.

Der von Dittmeyer im Bremer Europahafen angesiedelte Produktionsbetrieb musste im Juli 2001 Insolvenz anmelden. Als

80-Jähriger erlebte Rolf H. Dittmeyer seine erste Pleite. «Ich war zu alt», musste er erkennen. Er hatte sich selbst um die Früchte seines Lebens gebracht. Im Alter von 88 Jahren starb Rolf H. Dittmeyer in Hamburg.

Der Hase, der am längsten kann

Doping, jetzt auch unter Hasen? Dieser Hase jedenfalls kann auffallend immer seine volle Leistung abrufen und vor allem: Er kann immer am längsten. Er ist überragend an der Trommel, keiner hält länger durch als er. Aber auch beim Ski- und Kajakfahren, Boxen, Fußball und Marathon ist dieser Hase immer der Sieger, während seiner Konkurrenz die Puste ausgeht.

Wie ist das möglich? Als «Drumming Bunny» wurde der rosa Plüschhase von der Firma Duracell 1973 zum ersten Mal in den USA eingesetzt. Mit seinen Auftritten in den Werbespots sollte der Duracell-Hase beweisen, dass die Alkaline-Batterien dieser Marke länger halten als die Zink-Kohle-Batterien der Konkurrenz. Mit besonderer Hingabe bearbeitete der pinkfarbene Duracell-Hase mit seinen Vorderpfoten eine Trommel, während die anderen Hasen um ihn herum nach und nach verstummten. Auch bei sportlichen Wettbewerben unter den Spielzeughasen zeigte er Höchstleistungen und hängte locker das übrige Starterfeld ab. Erwünschte Schlussfolgerung: Seine Batterien müssen die besten sein. Der Duracell-Hase hat längst noch nicht ausgetrommelt, es gibt ihn immer noch.

Doch der Hase wird inzwischen von einem Rudel Artgenossen begleitet – das soll Stärke demonstrieren.

Claudia Bertani und die Sommerpause
«Wer kann dazu schon nein sagen?»

Die Tage werden kürzer und dunkler, die Blätter fallen, bald ist schon wieder Weihnachten. In dieser trostlosen Zeit gibt es einen

Lichtblick, auf den wir so viele lange Monate warten mussten: Endlich ist die Sommerpause für die Piemontkirsche vorbei, und die wunderschöne Claudia Bertani schwebt wieder wie ein Engel durch die Kirschbäume. Mit ihrem roten Kleidchen, das immer kürzer wird, hält sie die Kirschbauern, die immer jünger werden, von der Arbeit ab und schiebt sich lasziv eine Kirsche über die Lippen. Das reicht ihr schon, um der gesamten Kirschernte die notwendige Reife zu bestätigen. Die Piemontkirsche kann gepflückt werden, Mon Chéri ist ab sofort wieder im Angebot. Claudia Bertani strahlt wie immer, die Kirschpflücker (für den Frauenanteil unter den Zuschauern) sind aber auch nicht zu verachten. Guten Appetit.

Der Pralinen-Urlaub wurde bereits in den sechziger Jahren des vergangenen Jahrhunderts von Ferrero eingeführt. Aber macht die Sommerpause wirklich Sinn? Es sei keineswegs ein Marketing-Gag, sondern eine Qualitätsmaßnahme, teilt der Hersteller seit Jahren unverdrossen mit.

Denn: «Unter großen Temperaturschwankungen und großer Hitze leidet die Qualität unserer Pralinen.» Der genaue Tag der Wiedereinführung von Mon Chéri werde durch «die enge Abstimmung mit den regionalen Wetterdiensten» ermittelt. Kein Marketing-Gag? Der unausweichliche Herbstzauber mit Claudia Bertani sichert jedenfalls mehr Aufmerksamkeit, als wenn sie jeden Tag im Werbefernsehen Kirschen vertilgen würde. Und wozu gibt es moderne Kühllogistik und ausgeklügelte Transportwege?

Und wo müsste dann überall das Wetter Tag für Tag erforscht werden?

Die Kirschernte allein im Piemont, einer Region in Norditalien, würde auf keinen Fall ausreichen, den Bedarf für Mon Chéri zu decken.

Das Unternehmen Ferrero war zwar 1946 im Piemont gegründet worden, aber eine spezielle Piemontkirsche gibt es nicht. Die Piemontkirsche ist vielmehr ein eingetragenes Warenzeichen von Ferrero. Die Früchte für die Zartbitter-Likör-Praline kommen laut Ferrero aus «bevorzugten Anbaugebieten der ganzen Welt».

Claudia Bertani (zu ihrer Person macht das Unternehmen grundsätzlich keine näheren Angaben) hatte übrigens prominente Vorgänger.

Bevor sie Mitte der neunziger Jahre auf den Kirschfeldern erschien, fragten damalige Prominente wie Thomas Fritsch, Nadja Tiller und Schlagersängerin Gitte beim Anblick der Praline in Richtung Kamera: «Wer kann dazu schon nein sagen?»

Urlaub in Villabajo

Wie wäre es mit folgender Urlaubsempfehlung? Buchen Sie beim nächsten Mal im Reisebüro Ihres Vertrauens einen Aufenthalt in Villarriba in Spanien. Sollte dieser Ort ausgebucht sein, wechseln Sie zu Villabajo. Die Aufmerksamkeit des Fachpersonals wird Ihnen auf jeden Fall sicher sein. Dazu gibt entweder noch eine gehörige Portion Verzweiflung oder ein fröhliches Dauergrinsen. Dann sind Sie einer der vielen, die auf diese Werbung von Fairy Ultra hereingefallen sind.

Wer erinnert sich nicht an den putzigen Putzstreit zwischen den beiden spanischen Dörfern Villarriba und Villabajo? Nach einem ominösen Fest (Orgie? Dorfgemeinschaftsfest?) verzweifelt beim Putzen einer riesigen Paellapfanne die gesamte Einwohnerschaft von Villarriba – das falsche Spülmittel.

Die Einwohner von Villabajo feiern bereits, weil sie schon Feierabend haben. Sie hatten ihre Riesenpfanne mit Fairy Ultra gereinigt. Die schlauen Bürger von Villabajo hatten sich mit Erfolg auf die neue Fettlöseformel des Spülmittels verlassen.

Im Herbst 1992, als der Spot lief, kam es durchaus vor, dass in den Reisebüros nach diesen beiden Orten gefragt wurde. Eine malerische Kulisse, fröhliche Bewohner, das gleiche Spülmittel wie zu Hause – nichts wie hin. Aber bitte nach Villabajo (immer schön wie Villa Bacho aussprechen), dem Siegerort. Gemeinerweise sind es reine Phantasienamen, die sich die Düsseldorfer Werbeagentur Grey ausgedacht hatte. Die Namen bedeuten in der spanischen Sprache das obere (arriba) und das untere (bajo) Dorf.

Warum Raider jetzt Twix heißt
«Raider heißt jetzt Twix – sonst ändert sich nix»

Selten hat die Umbenennung eines schnöden Schokoriegels für so viel Aufregung gesorgt wie die Änderung von Raider in Twix. Obwohl sich am Geschmack nicht das Geringste geändert hatte, ereignete sich eine seltsame Anteilnahme der Kundschaft. Selbst zwei Jahrzehnte nach der Namensänderung wissen viele, dass Twix früher Raider war. Ein schönes Beispiel für unnützes Wissen. Und ein eindeutiger Beweis für den nachhaltigen Werbeeffekt, der durch die Umbenennung erzielt werden konnte. Ein Zufall?

Bis 1991 war die freie Welt gespalten: In den USA hießen die zwei flachen Schokoriegel Twix, in Deutschland und dem übrigen Westeuropa aber Raider («Der Pausensnack»). Twix wurde abgeleitet aus «twin» und «biscuits», also der Zwillingskeks. Raider bedeutet im Englischen «Plünderer» oder «Räuber». Kein guter Name, wenn es um den Genuss einer Schokolade geht, die selbstverständlich vorher gekauft und nicht geraubt werden soll.

So stand eigentlich von Anfang an fest, welcher Name im Zuge der Globalisierung und der Ausweitung des Absatzmarktes in Osteuropa geopfert werden müsste. Ein langjähriger Raider-Konsument aus Deutschland sollte nicht länger wie Hein Blöd vor dem Regal eines Supermarktes beim USA-Besuch stehen, Sender wie MTV bieten sich für weltweit einheitliche Werbung geradezu an und sind im Grunde dazu erfunden worden. Die Namensänderung 1991 in Deutschland wurde durch eine clevere Werbekampagne von Mars begleitet, es gab pausenlos Anzeigen («Raider heißt jetzt Twix – sonst ändert sich nix»), Gewinnspiele und sogar eine Schallplatte: «Let's Twix».

Und 18 Jahre nach der Umbenennung ließ sich das Unternehmen wieder etwas einfallen, um für neue Aufregung zu sorgen. Plötzlich gab es in einigen Snack-Automaten wieder Raider-Riegel. Ein Versehen? Restware mit abgelaufenem Haltbarkeitsdatum?

Dieses Mal hatten weder Anzeigen noch Spots auf den neuen, alten Namen aufmerksam gemacht.

In den Internet-Communitys Twitter und Facebook brach Begeisterung aus. «Die Welt ist wieder in Ordnung, nach 18 Jahren heißt Twix endlich wieder Raider», schrieb ein User. Zu früh gefreut: Zum 30. Firmenjubiläum von Mars Süßwaren Deutschland hatte es nur eine kleine Neuauflage gegeben. Das Unternehmen hatte von vornherein auf die Verbreitung der Nachricht im Internet gesetzt, das Rätselraten für sich genutzt und obendrein noch Geld für teure Anzeigen und Werbespots gespart.

Den gleichen Verkaufstrick hatte sich 2009 auch Nestlé einfallen lassen. Die Yes-Törtchen, vor allem in Erinnerung durch die romantischen Werbespots, waren eigentlich 2003 vom Markt genommen worden. Für ein paar Wochen gab es sie wieder im Handel, um danach wieder aus dem Sortiment genommen zu werden.

Die dreisten Malocher aus der Zomtec-Fabrik

Was nicht gut schmeckt, kann auf Dauer nicht verkauft werden. Deshalb geht es immer um den guten Geschmack. Kann man dafür ausgerechnet mit geschmacklosen Spots werben? Bifi hat es versucht und dafür die Zomtec-Phantasiefabrik eröffnet. Fünf unterbelichtete Typen stehen am Fließband und erleben hirnlose Abenteuer, auf die sie mit noch hirnloseren Sprüchen reagieren. Das war ziemlich mutig. Die Zomtec-Malocher waren immerhin längst nicht so langweilig wie Herr Kaiser oder Meister Proper. Doch vor der Entlassung schützte sie das nicht.

Die Handschrift einer britischen Werbeagentur war unverkennbar, als die Zomtec-Fabrik eröffnet wurde. An einem Fließband, auf dem ausgestopfte Waschbären transportiert werden, stehen fünf Mitarbeiter, einer dümmer als der andere. Da gibt es Mitch, einen Macho wie aus dem Bilderbuch, den Toupet-Träger Dirk, den Lehrling Randy, Cliff mit geföhnten Haaren und den Japaner Bert.

Eine besondere Logik war in den Werbespots nicht erkennbar, es gab noch nicht einmal den obligatorischen Schluss-Gag. Der Japaner wird ständig von seinen weißen Kollegen durch den Kakao gezogen, kleine Roboter müssen der faulen Bande die Hartwurst servieren.

Die ausgestopften Waschbären auf dem Fließband stehen in keinem Zusammenhang mit dem Produkt und sehen genauso dümmlich aus wie die Malocher vor dem Fließband. In einer Episode lässt Mitch eine scharfe Braut abblitzen – weil sie Vegetarierin ist und keine Bifi isst.

Schräg wie die Werbespots war auch die Zomtec-Homepage. Ein graphisches Eldorado des schlechten Geschmacks, mit Buttons völlig überfrachtet und mit ausgesprochen hässlichen Kacheln als Hintergrund. Dort wurde 2006 auch das Aus für die Zomtec-Fabrik verkündet. Die Belegschaft erhielt folgendes Zeugnis: Sie haben sich stets bemüht, ihre Aufgaben zu erfüllen. Jeder Arbeitnehmer weiß inzwischen, was diese Formulierung bedeutet: Sie haben sich bemüht, sind aber gescheitert. Schade, denn schräg ist alles, nur nicht langweilig.

Tschüs, Herr Kaiser
«Nennen Sie es Vorsorge – wir nennen es Liebe»

Jetzt hat es auch noch ihn erwischt. Ausgerechnet ihn, wer hätte das gedacht? Nach 37 Jahren im Außendienst – einfach gefeuert. Auf die Straße gesetzt, wie Hunderttausende in seinem Alter vor ihm! Weil man ihn nicht mehr braucht – eine Standardfloskel zum Abschied. Ob er wenigstens seinen Aktenkoffer behalten darf? Den trug er immer fest in der linken Hand, damit die rechte frei war für seinen sympathisch-festen Händedruck. Niemand weiß bis heute, was in diesem Aktenkoffer eigentlich drin ist. Denn in seinen 37 Berufsjahren öffnete Günter Kaiser von der Hamburg-Mannheimer niemals seinen Koffer.

Wurde er gar deshalb am Ende entlassen? Doch das Erscheinungsbild von Günter Kaiser war eigentlich makellos: Krawatte, weißes Hemd, dezenter Anzug. Günter Kaiser von der Hamburg-Mannheimer war Deutschlands bekanntester Versicherungsvertreter. Jetzt haben wir nur noch Herrn Stromberg.

Günter Kaiser hatte alle überlebt: Tilly, Klementine, den Esso-Tiger. Dabei hatte er bei seinem Eintritt in die Vertreterlaufbahn bei der Hamburg-Mannheimer am 5. September 1972 noch nicht einmal einen Vornamen. Herr Kaiser, sonst nichts. Trotzdem behauptete sein Arbeitgeber in den ersten Anzeigen mit dem Münchner Schauspieler Günter Geiermann als Herrn Kaiser: «Man kennt uns.»

Ein Jahr später, weil Bundestagswahl ist: «Man wählt uns – Hamburg-Mannheimer». Die Versicherung bekam mit ihm ein Gesicht. Einer, der nie schlechte Tage hat, sondern jederzeit freundlich lächelnd für seine Kunden da ist. Heerscharen an Versicherungsvertretern mussten sich mit ihm messen lassen und wurden wie er genannt, ob sie wollten oder nicht.

«Hallo, Herr Kaiser, gut, dass ich Sie treffe.»

Einmal schaute Herr Kaiser mit seinem Aktenkoffer in der Hand spielenden Kindern zu und sagte diesen bedeutungsvollen Satz: «Nennen Sie es Vorsorge – wir nennen es Liebe.» Wie sollte man selbst solche geistigen Ergüsse nennen: Versicherungspoesie oder verbalen Schwachsinn?

Weil Herr Kaiser seinen Kunden noch näher kommen sollte, brauchte er einen Vornamen: Günter. Der Name blieb, auch als Günter Geiermann 1990 nach 18 Jahren von Franz-Michael Schwarzmann und dieser wiederum nach sechs Jahren vom Schauspieler Nick Wilder abgelöst wurde. Mit ihm wurde Herr Kaiser ein bisschen lockerer, spielte schon mal mit seinen Kollegen im Büro Fußball und durfte Fußball-Kaiser Franz Beckenbauer treffen: «Zwei Kaiser für eine WM». Eine 35-jährige Erfolgsgeschichte nannte die Hamburg-Mannheimer 2007 das Dienstjubiläum von Herrn Kaiser. Da durfte Herr Kaiser anstelle seines Aktenkoffers eine Geburtstagstorte halten. Ganz oben auf der Torte stand ein Miniatur-Herr-Kaiser und im Anzeigentext des Unternehmens: «Auf die nächsten 35 Jahre».

Von wegen! Er wurde Opfer einer Übernahme, bekanntlich nicht das einzige. Die Ergo-Versicherungsgruppe hatte die Hamburg-Mannheimer übernommen und verkündete 2009 die Einstellung der Marke. Damit war auch Herr Kaiser zunächst seinen Job los. Für seinen Darsteller übrigens kein Problem, er wechselte einfach von der Versicherungsbranche in die Ärzteschaft. Nick Wilder alias Günter Kaiser heuerte als Schiffsarzt Dr. Wolf Sander auf dem ZDF-Traumschiff an. Sein Aktenkoffer blieb an Land.

Das Lenor-Gewissen

Die gute Hausfrau hatte sich alle Mühe gegeben. Dachte sie jedenfalls, als sie die frischgewaschenen Pullis ihrer Kinder aus der Waschmaschine holte. Doch die Pullis kratzen, und die vorwurfsvollen Blicke ihrer Kinder treffen die Hausfrau bis ins Mark. «Aber ich habe doch gespült», verteidigt sie sich und meint damit die Beigabe eines Weichspülers. In solchen für das Wohl der Familie entscheidenden Momenten meldete sich zwischen 1967 und 1983 das Lenor-Gewissen. Ein schemenhaftes Über-Ich, das neben der geplagten Hausfrau auftauchte und ihr zuflüsterte: «Nicht gründlich genug! Nur Lenor spült weich und weiß zugleich.» Das Lenor-Gewissen hatte wieder zugeschlagen.

Das Doppel-Ich sorgte dafür, dass die Hausfrau nie wieder einen solchen folgenschweren Fehler machte und am falschen Ende sparte.

Die Masche war immer die gleiche: Zu Beginn des Werbespots wird die Hausfrau von schweren Schamgefühlen gepeinigt, weil der Kragenrand noch schmutzig ist. Sie hat damit versagt, denn selbstverständlich haben ihr Ehemann und die gesamte Familie Anspruch auf saubere und reine Kleidung. Wer auf die Tiefenwirkung des Weichspülers vom Hersteller Procter & Gamble verzichtet, gefährdet das Familienleben. Zum Glück meldet sich das Gewissen der Hausfrau und verrät ihr, wie sie diese peinlichen Situationen vermeiden kann.

«Hast du wirklich ein gutes Gewissen?»

Lenor war übrigens immer (nach Angaben des Herstellers) «aprilfrisch».

Warum gerade April? Warum nicht «märzfrisch»? Eine berechtigte Frage, die das «Lenor-Gewissen» leider aber nicht mehr beantworten wird. Seit Jahrzehnten taucht es nicht mehr auf. Es hat sich vermutlich in Luft aufgelöst. Und das ist ziemlich gewissenlos, vom «Lenor-Gewissen».

Strahlerküsse schmecken besser

Schade. Mehr noch: Es ist eine Schande, dass jungen verliebten Paaren seit Jahren die Gelegenheit geraubt wird, es selbst auszuprobieren: Schmecken Strahlerküsse wirklich besser? Kann eine Zahnpasta das Liebesleben beflügeln?

Der Text der von Christian Bluhm komponierten Werbemelodie für die Zahncreme Strahler 70 (später auch Strahler 75) der Firma Blendax versprach in den siebziger Jahren des vorherigen Jahrhunderts jedenfalls eine deutliche Belebung des Liebeslebens:

> «Wenn du mal einsam bist,
> ganz ohne Liebe,
> wenn dich das Glück vergisst,
> und die Welt scheint trübe,
> hol dir den Sonnenschein,
> die Welt wird hell und klar,
> das Leben ist doch wunderbar!
> Strahlerküsse schmecken besser
> Strahlerküsse schmecken gut
> Strahlerküsse schmecken besser
> Strahlerküsse schmecken gut»

Zum Beweis war in den Anzeigen ein junges Paar abgebildet, das sich küsste, und ein gleißendes Licht erstrahlte zwischen ihren Mündern.

Einen solchen Effekt hatte die Menschheit vorher noch nie gesehen. Und egal, wie es dann weiterging, die Strahlerküsse waren sicherlich erregender als eine Begegnung mit Dr. Best oder dem Colgate-Biber.

Die Rückkehr der Pril-Blume
«Willst du viel, spül mit Pril»

«Sag mir, wo die Blumen sind. Wo sind sie geblieben?» Die einst von Marlene Dietrich in ihrem Chanson aufgeworfene Frage ist im Fall der Pril-Blumen leicht zu beantworten: auf Küchenfliesen und Kühlschränken, an Kinderbetten, auf Briefkästen und Schulranzen, auf Autos und Türen. Und zwar jahrelang, denn die Pril-Blumen klebten ausgezeichnet. Die knalligbunten Blumen zum Aufkleben wurden zum Markenzeichen der guten Laune aus einer unbeschwerten Zeit, die viele noch einmal erleben möchten. Deshalb ist die Pril-Blume bis heute unvergessen.

Pril war 1951 als erstes synthetisches Spülmittel entwickelt worden. Das hohe Fettlösevermögen wurde 1952 mit der Pril-Ente demonstriert.

Ein Experiment, das heutzutage einen Proteststurm auslösen würde und niemals als Werbespot gezeigt werden könnte: Eine lebende Ente versinkt bis zum Hals in einem mit Wasser gefüllten Aquarium, das mit Pril versetzt wurde, weil das Spülmittel den schützenden Fettfilm ihrer Federn löste. Tierschützer dagegen setzten schon damals auf die Fettlösekraft des Spülmittels. 1957 konnten rund 800 Schwäne aus einer Öllache auf der Themse befreit werden – durch den Einsatz von Pril.

Von 1972 bis 1984 befanden sich auf der Rückseite der Spülmittelflaschen jeweils drei Aufkleber mit Blumenmotiven in den damals angesagten Farben Gelb, Orange, Rosa und Rot. Gute Laune sollte auch der von Klaus Doldinger 1972 komponierte Pril-Blumen-Song verbreiten: «Hol dir die fröhlichen Blumen, hol dir das fröhliche Pril».

Dahinter steckte die Marketingstrategie, mehr Haushalte mit Kindern anzusprechen. Das gelang auch – Mütter und Väter wurden in dieser Zeit von ihren Kindern ständig bedrängt, für Nachschub an Pril-Blumen zu sorgen, und kauften vermutlich weitaus mehr Spülmittel ein, als sie jemals verbrauchen konnten.

2002 gab es für die Pril-Blume ein Comeback: Auf dem Schlagermove in Hamburg wurden 600 000 Aufkleberblumen verteilt, zu jeder Pril-Flasche gibt es wieder die Aufkleber. Die Pril-Blume ist also immer noch nicht verwelkt.

Hemmungsloser Sex mit Peter von Frosta

Es war kaum zu glauben, was eines Abends im Mai 2008 im Werbefernsehen zu sehen war. Es war, das sollte man noch bemerken, erwiesenermaßen nach 22 Uhr, als dieser Spot lief. Es erscheint Peter von Frosta, wie immer im geteilten Bildschirm. Neben ihm, auf der anderen Seite des Bildschirms, eine attraktive Blonde, sie heißt offenbar Ruth. Sie ruft ihn an, er weiß sofort Rat – alles wie immer.

Und dann wechselt die Blondine die Bildschirmhälfte – auch das gab es schon häufiger als Gag. Sie säuselt ihn an. Und plötzlich kommt der bislang so brave Peter von Frosta der Blonden ganz nahe, schiebt sie zurück in ihre Bildschirmhälfte und schreit wortwörtlich wie von Sinnen: «Der Fisch ist so frisch, wie ich geil bin.» Er fällt über sie her, sie reißt sich ihr Hemd vom Leib und schreit verzückt: «Peter, Peter, Peter!» Der Küchentisch fällt um, beide wälzen sich auf dem Boden. Ein Höhepunkt ist auch noch zu sehen: Beide schmieren sich mit Fisch ein, mit dem von Frosta natürlich. So war es wirklich. Es war ein offizieller Spot des Bremerhavener Fischunternehmens. Nach einer längeren Bildschirmpause für Peter von Frosta war er für eine neue Kampagne für das Reinheitsgebot der Fischfirma reaktiviert worden. Abgedreht wurden drei Versionen – darunter auch die mit dem hemmungslosen Peter. Kenner waren überrascht, dass diese Version dann auch tatsächlich zu sehen war, sogar ein paar Mal. Es war kein Versehen, beteuerte das Unternehmen.

Ihr Peter sollte mal eben ganz anders rüberkommen. Das gelang auch, eine hemmungslose Überraschung mit einem hemmungslosen Peter.

Super-Ingo kehrt zurück
«Hier tanken Sie auf»

Die größte Knallerbse unter Deutschlands Autofahrern ist wieder zurück: Ingo, auch Super-Ingo genannt. Er kaut immer noch wie blöd Kaugummi, ist allerdings aus seinem geliebten Manta für immer ausgestiegen. Ingo wirbt jetzt für Strom, ausgerechnet er! Der Kraftstoff der Zukunft führt zu der Rückkehr des Werbehelden aus der Vergangenheit. Das gab es noch nie. Die Originalwerbung der Tankstellenkette DEA wurde 1998 von den Lesern der «TV Spielfilm» zum beliebtesten Spot des Jahres gewählt. Eine nachvollziehbare Entscheidung, denn diese Werbung war wie eine Comedy-Serie angelegt. Es gab sechs Helden: den hilfsbereiten Tankstellenpächter Herrn Ahrens, seine Tochter Claudia, die kauzige Oma Buhl, den alten Spießer Dr. Eisendraht, die dralle Frau Tschernoster und eben den prolligen Manta-Fahrer Ingo. In einem Werbespot fährt Ingo mit seinem Manta auf der Tankstelle vor und wird durch Zurufe begrüßt: «Super, Ingo!» Er wirft sich sofort in Pose, beide Daumen hoch. Doch nicht er oder seine Kiste ist gemeint. «Super» bezieht sich vielmehr auf die Kraftstoffwahl. «Super, Ingo – nicht Diesel».

Die Rückkehr, jetzt als Werbeträger für den Stromriesen RWE, überrascht. Denn der Melitta-Mann trinkt ja auch nicht plötzlich Jacobs Krönung und Meister Proper könnte niemals dem Hustinetten-Bären den Job wegnehmen. Des Rätsels Lösung: Der Auftraggeber ist derselbe, die Tankstellenkette DEA war ein Tochterunternehmen von RWE und ist inzwischen selbst vom Markt verschwunden. Die Tankstellen wurden von Shell übernommen.

Beim Wechsel von Super auf Strom ist allerdings die Tochter

von Herrn Ahrens auf der Strecke geblieben. Jetzt sind es nur noch fünf Hauptfiguren.

Den alten Manta hat Ingo gegen ein ultramodernes und auch sehr flaches Elektrofahrzeug eingetauscht, vermutlich ein getunter Tesla. Statt Tanken steht jetzt das Laden von Strom im Mittelpunkt des Geschehens. Die Geschichten spielen folglich nicht mehr an einer Tankstelle, sondern an einer Autostrom-Ladesäule. In den bisher sechs abgedrehten neuen Werbespots geht es ums Aufladen, Abladen, Einladen oder um den Ladenschluss. Wer hätte gedacht, dass Super-Ingo ein Mann mit Zukunft sein wird? Aus Super-Ingo wird Strom-Ingo. Damit er nicht der Einzige bleibt, der lädt und nicht tankt, müsste allerdings die Reichweite von Elektrofahrzeugen noch erheblich gesteigert werden. Bisher müsste Ingo nach höchstens 200 Kilometern aussteigen und schieben. Und das wäre gar nicht super.

Bill Clinton und die Toyota-Affen
«Nichts ist unmöglich»

Tiere, immer wieder Tiere. Mit ihren Affen machte der japanische Autohersteller Toyota alles andere als ein lausiges Geschäft. Innerhalb von 14 Tagen nach Ausstrahlung des ersten Spots stieg der Bekanntheitsgrad der Marke um 176 Prozent. Die Toyota-Affen waren die Werbestars der neunziger Jahre.

Dabei war der Slogan bereits sieben Jahre alt, als ihn die Affen ab 1992 kreischten. Und auch die Nummer mit den Tieren war für Toyota nicht neu.

In einem Prospekt für den neuen Corolla war bereits 1990 ein Löwenbaby zu sehen, mit dem Text: «Der Corolla hat vieles, was sonst nur große Tiere haben.» Ein Jahr später gab eine erfolgreiche Serie im französischen Fernsehen mit dem Titel «Das Privatleben der Tiere» den Ausschlag, auf Affen und andere Tiere aus der Wildnis als Werbefiguren zu setzen.

Der erste Werbespot sah 1992 dann so aus: «Auch mit Airbag, Airbag», lobt kreischend ein Kakadu die Ausstattung des neuen Modells. Ein Frosch, rein zufällig auch anwesend, quakt: «Hab ich auch.» Der Seitenaufprallschutz wird durch zwei Nashörner überprüft, und die Affen brüllen im Chor: «Nichts ist unmöglich ... Toyotaaaa.»

Die Kosten pro Spot sollen zwischen 200 000 und 400 000 Mark gelegen haben, Dreharbeiten und vor allem der Schnitt dauerten zwei Monate. Wie sehr der Werbeslogan sich in der Alltagssprache verankerte, bekam sogar der damalige amerikanische Präsident Bill Clinton bei einem Deutschland-Besuch zu spüren. «Nichts ist unmöglich», erklärte Clinton bei einer Rede in Berlin. Seine Zuhörer konnten es sich nicht verkneifen: «Toyotaaa!!!», brüllten Hunderte zurück.

Die Tricks des Herrn Angelo
«Isch abe gar kein Auto, Signorina»

Die blonde, hübsche Frau hat es eilig, der schmächtige Italiener dagegen überhaupt nicht. Sie klingelt an seiner Tür, weil ihr Parkplatz besetzt ist, mutmaßlich durch sein Auto. Er öffnet hektisch, redet pausenlos auf sie ein und bereitet auf die Schnelle zwei Tassen Cappuccino zu. Eine für sie, eine für sich. Die Frau lässt sich prompt eine Tasse aufdrängen und entspannt nach dem ersten Schluck deutlich sichtbar ihre Gesichtsmuskulatur. Ach ja, das Auto steht immer noch auf ihrem Parkplatz. Da beugt sich der schmächtige Italiener vor, kommt der Blonden verdächtig nahe und säuselt: «Isch abe gar kein Auto, Signorina.»

Dieser Satz im Werbespot für Nescafé von Nestlé («Für die italienischen Momente im Leben») machte den italienischen Schauspieler Bruno Maccallini bei uns bekannt. Elf Jahre lang, von 1989 bis 2000, spielte er den Herrn Angelo in der Cappuccino-Werbung. Zu Hause in Italien hatte er sich als Shakespeare-

Schauspieler, Bühnenautor und Theaterregisseur einen Namen gemacht. Dieser Satz machte Maccallini zur deutschen Werbelegende.

Übrigens, später hatte er plötzlich doch ein Auto. Nestlé kooperierte mit Opel, das Ergebnis war ein Corsa Cappuccino, der nach Herstellerangaben immerhin 5000 Mal verkauft werden konnte.

Im Spot für die Kaffeesorten von Müller Milch gab es 2008 das Gipfeltreffen der zwei Legenden der Kaffee-Werbung. Herr Angelo trifft am Kühlregal auf den «Melitta-Mann» Egon Wellenbrink. Beide starren sich ungläubig an. «Sind Sie nicht der Typ aus der Kaffeewerbung?», lauten Frage und Gegenfrage. Auf eine Einladung zum Kaffee verzichten allerdings beide.

Der Melitta-Mann

Die Tätigkeit des Melitta-Mannes im deutschen Werbefernsehen kann man mit Fug und Recht als Traumberuf bezeichnen. Mit höchstens zwölf Tagen Arbeit im Jahr habe er Millionen verdient, bekannte der Melitta-Mann nach seinem Abschied. Und viel tun musste er an diesen wenigen Arbeitstagen auch nicht:

Einfach mit einer oder mehreren Filtertüten vor der Kamera stehen und zwei bis drei Sätze sagen. Es waren sein treuherziger Augenaufschlag und sein verschmitztes Lächeln, die die Werbung zehn Jahre lang erfolgreich machten. Einmal fragte er seine Zuschauerinnen: «Magst du auch Melitta Auslese? Dann schreibe mir, mit Bild.»

Die Antworten der Damen füllten Waschkörbe, einige zeigten sich im Negligé oder waren völlig nackt. Wie gesagt, es war ein Traumberuf. Die Absatzzahlen der Kaffee-Filtertüten, 1908 von der Dresdner Hausfrau Melitta Benz erfunden, sollen während seiner Zeit um dreißig Prozent gestiegen sein. Noch heute gehört er zu den bekanntesten Werbefiguren. So gesehen war der Melitta-Mann jede Mark wert, die er verdiente. Wie kommt man an einem solchen Traumjob? Der Melitta-Mann heißt Egon Wellenbrink, 1945 in Wolfsburg geboren.

Mit fünfzehn beginnt er, Saxophon zu spielen, die Schule bricht er vor dem Abitur ab. Wellenbrink findet einen Job als DJ im Münchner «Take Five», eröffnet 1969 in Schwabing den Schallplattenladen «Melody Maker».

«Ich hatte Haare bis zum Ellenbogen», erinnerte sich Wellenbrink in einem Interview später an diese Zeit.

Dann verkaufte er den Laden, um als Jazzmusiker Geld zu verdienen, blieb damit aber weitgehend erfolglos. Er war jung und brauchte Geld. Deshalb stieg Wellenbrink als Begleitmusiker bei Tourneen des Schlagersängers Roy Black ein. Dann der Umzug von München nach Bremen. Egon Wellenbrink wird 1981 Aufnahmeleiter beim Bremer Regionalfernsehen «Buten & Binnen». Bei den Redaktionskonferenzen fällt er auch durch seine Gags und flotten Sprüche auf. Das führt zu seinem ersten Durchbruch. Lange vor Jörg Kachelmann und seinen inzwischen vielen Kollegen stellt er das Wetter auf den Kopf. Aus Egon Wellenbrink wird Egon Wetterbring.

Ein Kollege von ihm sitzt eines Tages – wir schreiben das Jahr 1989 – bei der Werbeagentur, die für Melitta einen neuen Darsteller sucht. Hunderte waren bereits gecastet worden, doch der Richtige aus Sicht der Werbeagentur war nicht dabei. Wellenbrink, in Bremen durch seinen Wetterbericht längst eine regionale Kultfigur, wird von seinem Kollegen empfohlen und bekommt auf Anhieb den Job. Eben ein Traumjob, denn die Aufzeichnungen der Werbespots sind betont schlicht gehalten – kein Schnitt, keine Musik. Nur der Melitta-Mann und die Filtertüte.

Die Fäden im Hintergrund zieht der Schweizer Komiker Emil Steinberger, der sich selbst vom Bildschirm zurückgezogen hatte und nun gegen gutes Geld als Regisseur und Texter der Werbespots seinen Witz einbringt. Beispiel: Der Melitta-Mann entdeckt einen Lippenstiftrest am Tassenrand und bemerkt mit einem Schmunzeln im Gesicht: «Schon wieder eine Zuschauerin, die heimlich mittrinkt.» Melitta konnte durch die Kampagne den Umsatz um 34 Prozent steigern.

Nach zehn Jahren mit 200 verschiedenen Werbespots verschwindet 1999 der Melitta-Mann von der Mattscheibe. Seine Nachfolger heißen Roland und Ben – ein junger Vater und sein kleiner Sohn, die mit ihrem ständigen Bedürfnis nach Harmonie neue Zielgruppen ansprechen sollen.

Von seinen Werbe-Millionen kaufte sich Wellenbrink eine Villa mit Tonstudio auf Mallorca und widmet sich seitdem der Musik. Der Apfel fällt nicht weit vom Stamm: Seine älteste Tochter Susanna ist Schauspielerin, seine Enkelin Mia-Sophie schrie für den Joghurt Froop: «Fruchtalarm!»

Späte Reue: Manfred Krug und die T-Aktie

«Ich entschuldige mich aus tiefstem Herzen bei allen Mitmenschen, die eine von mir empfohlene Aktie gekauft haben und enttäuscht worden sind. Keine Entschuldigung bei den Zockern, die das Spiel kennen. Nur bei denen, die nicht klüger waren als ich selbst.»

Der Schauspieler und Jazzmusiker Manfred Krug über seine Werbung für die T-Aktie der Telekom. Die Mitwirkung in den Werbespots sei sein größter beruflicher Fehler gewesen.

Der Schauspieler, nach seiner Ausreise aus der DDR als Kommissar Stoever im «Tatort» und als Anwalt in der Fernsehserie «Liebling Kreuzberg» bekannt geworden, war 1996 die Galionsfigur in den Werbespots der Telekom für die Einführung der T-Aktie. Nach Schätzungen soll der damalige Ableger der Deutschen Bundespost rund 100 Millionen Mark in die Werbekampagne gesteckt haben. Die Kampagne löste den ersten Aktienboom in Deutschland aus. Wer noch nie mit Aktien zu tun hatte –

hier wollte fast jeder dabei sein. Rund 1,9 Millionen Privatanleger sollen damals das Papier gekauft haben.

Die Telekom-Aktie war fünffach überzeichnet. Zunächst schien auch alles gut zu gehen. Der Einführungspreis für die Aktie lag bei 28,50 Mark, der amtliche Schlusskurs nach dem ersten Handelstag betrug 33,90 Mark.

Der Verkauf brachte der Telekom etwa zehn Milliarden Mark ein. Später gab es noch einen zweiten und dritten Börsengang, der allein zu weiteren Einnahmen von dreizehn Milliarden Euro führte. Zeitweise lag der Kurs der T-Aktie bei über hundert Euro.

Durch riskante Firmenzukäufe fiel der Kurs der Aktie am 30. September 2002 auf ihren historischen Tiefstand: nur noch 8,42 Euro. Von dieser Talfahrt hat sich die Aktie viele Jahre nicht erholt. Millionen Bürger hatten zusammengerechnet Milliarden verloren.

Wenn der Spot Spott erntet

Eigentlich hatte der Telefonanbieter 1&1 alles richtig gemacht. Da Produkte und Preise denen der Konkurrenz weitgehend gleichen, ist ein guter Kundenservice die einzige Möglichkeit, sich abzusetzen. Ein Schauspieler als Werbefigur ist in diesem Fall besonders unglaubwürdig, der hat ja in Wirklichkeit von DSL und Modem keine Ahnung. Also ein echter Mitarbeiter. Der heißt Marcell D'Avis, ist seit 16 Jahren bei dem Unternehmen beschäftigt und neuer Leiter für Kundenzufriedenheit. Alles richtig gemacht, und dennoch läuft irgendwie alles falsch. Marcell D'Avis wird seit seinem Erscheinen in der Werbung mit Häme und Spott zugeschüttet. Was ist da falsch gelaufen?

Seit Ende 2009 ist Marcell D'Avis das neue Werbegesicht von 1&1.

«Ich war dabei, als wir als erste kostenlose W-LAN angeboten haben. Oder als wir die Flatrate für alle bezahlbar machten, mit Telefon und Internet. Aber die neueste Innovation von 1&1 sehen Sie hier: Das bin nämlich ich.»

So stellt er sich im ersten Werbespot vor. Und damit das bloß jeder glaubt, hält er seine offenbar frisch gedruckte Visitenkarte in die Kamera. Auch im Internet sei er jederzeit zu erreichen. Das kann man glauben oder auch nicht.

Der «Leiter Kundenzufriedenheit» hat ganz andere Probleme: Er wird laufend veräppelt. Bei YouTube sind unzählige Persiflagen der Werbespots zu sehen. Mal ist er auf Brautschau, mal gibt er eigene Misserfolge beim Service zu, mal wird er beim pubertären Klingelstreich erwischt. Die Fake-Spots haben sich wie ein Virus verbreitet.

Das Video, das ihn bei einer angeblichen Brautschau zeigt, wurde über 100 000 Mal angeklickt. Die eigentliche Botschaft des neuen «Leiters Kundenzufriedenheit» bleibt dabei auf der Strecke. Ein PR-GAU. Jeder neue Spot löst neuen Spott aus. Streng genommen wird mit den Fake-Spots zwar das Urheberrecht verletzt. Doch es sind bereits zu viele, um dagegen geräuschlos vorgehen zu können. Das ständige Anrufen von Gerichten würde den Imageschaden noch vergrößern.

Marcell D'Avis kriegt jetzt den Ärger ab, der sich bei den Kunden von 1&1, Telekom und all den anderen Anbietern seit Jahren aufgestaut hat.

Service – wer einmal stundenlang in der Warteschleife hing und an inkompetenten Callcenter-Mitarbeitern verzweifelt ist, kann daran nicht mehr glauben.

Der Fluch von Nutella

Was haben die Fußballspieler Benny Lauth, Andreas Hinkel, Tim Borowski, Tobias Weis und Kevin Kurányi gemeinsam? Sie alle standen vor dem Beginn einer ganz großen Karriere im Profisport, ließen sich dann aber von der Nutella-Werbung kaufen und verloren danach ihre Erfolgsspur. Denn kaum kam der mit ihnen gedrehte Werbespot zur Ausstrahlung, verloren sie den gerade erst erreichten Platz in der Nationalelf. Die Nutella-Boys gerieten ins Abseits. Insider sprechen vom Nutella-Fluch.

Seit vier Jahren wirbt eine Viererkette aus jungen, hoffnungsvollen Fußballern für den Brotaufstrich. Das wirkt sympathisch und bringt mit Sicherheit ein erkleckliches Zubrot für die ohnehin nicht unterbezahlten Jung-Profis. Die vier bilden eine verschworene Gemeinschaft, in den Episoden steht einer von ihnen jeweils kurz im Mittelpunkt, bevor alle wieder in ihre Brote mit dem dunklen Aufstrich beißen. Doch das ist den meisten von ihnen nicht bekommen und hat nur Pech gebracht.

Ein Beispiel: Andreas Hinkel vom VfB Stuttgart. Nach seiner Mitwirkung im Spot wechselte er den Verein. Doch in Sevilla gehörte er nicht mehr zur Stammformation. Erneuter Wechsel, dieses Mal zu Celtic Glasgow. Für die Nationalmannschaft war er kein Kandidat mehr.

Oder Tim Borowski: Nach dem Biss ins Nutella-Brot wechselte er von Bremen nach München. Dort wurde er zum Ersatzspieler, verlor seinen Platz in der Nationalelf, ging zurück nach Bremen und konnte auch dort an seinen alten Leistungsstand nicht anknüpfen.

Drittes Beispiel: Benny Lauth. Ein Hoffnungsträger, der in der ersten Liga grandios scheiterte. Erst 1860 München, dann Nutella, dann Stuttgart, Hamburg und jetzt wieder bei 1860 München – in der zweiten Liga.

Der Fluch von Nutella erwischte auch Kevin Kuranyi. Gedopt durch Nutella-Brote, legte sich der Stürmer von Schalke 04 mit Nationaltrainer Joachim Löw an. Kuranyi flüchtete während des Spiels von Deutschland gegen Russland aus dem Stadion, weil er nicht aufgestellt worden war. Hatte Nutella seine Sinne vernebelt? Oder hatte ihn die Gage endgültig größenwahnsinnig gemacht?

Jedenfalls war es danach vorbei mit der glänzenden Karriere im Nationaltrikot. Frustriert wechselte der Nutella-Boy von Schalke 04 zu Dynamo Moskau, wo allerdings inzwischen Nutella auch erhältlich ist. Oder Tobias Weis aus Hoffenheim oder Jermaine Jones, Schalke 04. Nach dem Essen von Nutella wurden sie vergessen.

Sie alle bezahlten ihre Mitwirkung an dem Nutella-Spot mit einem Knick in ihrer schönen Karriere. Der Nutella-Fluch ist bislang wissenschaftlich noch nicht erforscht und wird vom Hersteller geleugnet – die Fakten sprechen aber eine deutliche Sprache.

Nutella hat inzwischen eine neue Viererkette gebildet: Manuel Neuer (Schalke 04), Mats Hummels (Borussia Dortmund), Benedikt Höwedes (Schalke 04) und Mesut Özil (Real Madrid). Deren Bilanz ist im Vergleich zu den bisherigen Viererketten schon ein Erfolg: Özil wechselte nach seiner Mitwirkung bei der Fußball-WM für 18 Millionen Euro von Werder Bremen nach Real Madrid, Neuer ist jetzt Stammtorwart der Nationalmannschaft. Und die beiden anderen, Hummels und Höwedes, gehören zum erweiterten Kader der Nationalmannschaft. Bleibt zu hoffen, dass die neuen «Nutella-Boys» mehr Glück haben als ihre Vorgänger und den Fluch besiegen können.

Stephan Serin
Föhn mich nicht zu
Aus den Niederungen deutscher Klassenzimmer

Die Leiden eines jungen Lehrers! Geschichten von den täglichen Windmühlenkämpfen, Schülern etwas beizubringen, und dem ganz normalen Wahnsinn in deutschen Klassenzimmern – mit viel Sprachwitz und Selbstironie. rororo 62670

Von Amtsschimmeln und Lehrkörpern

Dr. Wort
Klappe zu, Affe tot
Woher unsere Redewendungen kommen

Wissen Sie, warum der Hund in der Pfanne verrückt wird oder was dem Fass den Boden ausschlägt? Dr. Wort schildert ebenso lehrreich wie vergnüglich, woher diese und viele andere unserer Redewendungen kommen. rororo 62632

Hinrich Lührssen
Raumübergreifendes Großgrün
Der kleine Übersetzungshelfer für Beamtendeutsch

«Personenvereinzelungsanlage», «Bedarfsgesteuerte Fußgängerfurt», «Konisch geformter Schüttgutbehälter mit Zentralauslauf» – was wollen uns diese Begriffe sagen? Die absurdesten und ungewöhnlichsten Begriffe aus deutschen Amtsstuben. Mit Erklärungen! rororo 62555

Alle Titel auch als E-Book erhältlich. Weitere Informationen unter www.rowohlt.de